目 录

探寻自然的秩序

从林奈到 E. O. 威尔逊的博物学传统

〔美〕保罗·劳伦斯·法伯 著

杨莎 译

Paul Lawrance Farber
Finding Order in Nature:
The Naturalist Tradition from Linnaeus to E. O. Wilson

本书翻译出版得到国家社科基金重大项目“西方博物学文化与公众生态意识关系研究”(批准号 13&ZD067)和“世界科学技术通史研究”(14ZDB017)资助。

致谢

我之所以会动笔写作本书要感谢两个人。其一是弗雷德·丘吉尔（Fred Churchill，很久以前，正是他为我指明了博物学史的方向），某次我向他感叹我究竟要多久才能“准备好”开始这样一项研究，他回答说：“只管做就是了。”在与弗雷德的这次讨论之后不久，莫特·格林（Mott Greene）问我是否有兴趣为约翰·霍普金斯大学出版社正策划出版的一个系列写一本书。于是，我决定，是时候了。霍普金斯大学出版社的罗伯特·布鲁格（Robert J. Brugger）善于包容，在整本书的写作过程中一直给予我鼓励。

博物学（natural history）一直令我着迷，我大部分的职业生涯都用于研究其发展的方方面面。这些年来许多人帮助过我，在此要缩减这份名单以便能一一列出是极不明智的。不过，有些人在我多年的智识成长过程中尤其重要，以至于不提及他们的话更不明智。菲尔·斯隆（Phil Sloan）、马吉·奥斯勒（Maggie Osler）、吉姆·莫里斯（Jim Morris）、布鲁克斯·斯潘塞（Brookes Spencer）、巴特·哈克（Bart Hacker）、加尔·艾伦（Gar Allen）、大卫·艾伦（David Allen）、基思·班森（Keith Benson）、简·梅因沙因（Jane Maienschein）、奇普·布克哈特（Chip Burckhardt）、乔尔·哈根（Joel Hagen）、玛莎·里士满（Marsha Richmond）和麦克·奥斯本（Mike Osborne）经常与我讨论科学史，极大丰富了我的知识，并影响了我对这个学科的看法。汤姆·弗兰策（Tom Franzel）仔细阅读了本书的初稿，并提出了许多有益的建议。莎伦·金斯兰（Sharon Kingsland）阅读了修改过的稿子，并慷慨地花费时间对它进行删改，从而为我和读者免去了许多痛苦。布鲁格从莎伦中断的地方继续，同样造福了读者。俄勒冈州立大学历史系的职员提供了宝贵的帮助——金尼·多姆卡（Ginny Domka）、莎伦·约翰逊（Sharon Johnson）和玛丽琳·贝特曼（Marilyn Bethman）分担了与本书写作相关的许多任务。我在历史系的同事们则提供了富于激励和支持的工作环境。

我大部分的研究是在图书馆进行的，在此我想表达对那些专业的、友好的、乐于助人的图书馆馆员的感谢，他们来自俄勒冈州立大学、华盛顿大学、哈佛大学、加利福尼亚大学伯克利分校、林奈学会、大英图书馆、大英自然博物馆、法国国家自然博物馆和法国国家图书馆。

我的父母为我早期的职业提供了机会、鼓励和支持，我之后所做的一切都基于此。我的师长——弗雷德·丘吉尔、山姆·威斯特福尔（Sam Westfall）和乔·席勒（Joe Schiller）尽心尽力教育我，我一直敬佩他们为此花费的时间和精力。我的妻子兼思想伴侣弗蕾内莉·法伯（Vreneli Farber）为我提供了情感港湾，并且一直是我可以征询意见的人，给我提出了许多宝贵的批评。我的孩子们——本杰明（Benjamin）和芊娜（Channah），则给予我对未来的希望。

这本书献给我已逝的岳父弗里茨·马蒂（Fritz Marti），他是一位富有启发性的知识分子，我有幸与他相识许多年。

引言

在《创世记》的第二章我们读到这样的话："耶和华神用土所造成的野地各样走兽和空中各样飞鸟，都带到那人（亚当）面前，看他叫什么；那人怎样叫各样的活物，那就是它的名字。"（创世记 2：19）[1] 犹太教和基督教的神学家们一贯将这段经常被引用的话解释为上帝因此赋予人（此时他仍没有妻子，但很快就会有一位）对自然的统治。人类因此合法地拥有控制自然界并开发利用它的权力。那些关注当下环境恶化之根源的人，怀着相当矛盾的情绪看待这种统治权；还有一些人认为，正是这种所谓的权力转移导致了那种应对我们长期滥用全球资源负责的态度。

不那么有争议但同样重要的是，《创世记》的故事还反映了，对自然中所发现事物的命名和描述一直就很重要。亚当的首要职责之一包括了为动物命名，这并不应当令我们惊讶。我们对地球上的自然物，包括动物、植物和矿物，都怀有一种好奇心，并且有充分的理由这样做；它们

---

1. 此处《圣经》译文采用和合本的译文。——译注

是食物、药物、衣物、住所和消遣的来源。研究世界上不同文化的人类学家发现，所有的种族都会给他们周围的物体命名并分类。并且大部分文化（如果不是所有的话）都用相近的常识方法对外部世界概念化。比如，科罗拉多的二年级小学生和生活在东南亚村庄的长者共享着这样一个简单观念：会飞的生物构成了一个自然群。

正如希伯来文本所证实的那样，人类自远古以来就关注命名和分类。无论是为了集体生活的最基本需求，还是为了最复杂的科学交流，我们都愿意互换我们获得的关于世界的知识。不过，从 18 世纪开始，这一活动的一支特殊路径逐渐在欧洲成为一门科学学科，并且持续至今，即**博物学**的现代传统。博物学与早先的“民间生物学”的区别在于，博物学家们试图根据共有的基本特征来归类动物、植物和矿物，并利用理性的、成体系的方法给在自然中发现的变异建立秩序，否则这些变异将太多而难以应对。尽管蝙蝠是生物并且会飞，但博物学家们并不认为它们是“鸟”，因为蝙蝠与其他哺乳动物共享某些特征。博物学家们也不认为按字母顺序给动物们排序是可行的分类选择，因为已知动物的数目十分庞大（仅昆虫就有 750,000 种）。自 18 世纪初以来，博物学家们就记录自然界，有体系地命名、组织在其中发现的无数形式，以试图识别其中潜在的秩序。尽管 18 世纪之前的人们也追求相似的目标，但直到此时才有了大规模的、持续的并且是有组织的努力。

在博物学学科中，研究者们系统地研究自然物体（动物、植物和矿物）——命名、描述、分类并揭示其整体的秩序。他们之所以做这些，是因为这样的工作是进行其他更复杂的分析之前的必要一步。比如，我们只有在对湿地有所了解之后才能开始对它或其中的交互作用进行讨论。我们也只有在对居住在某一特定环境中的特定生物种类有所了解之后，才能明智地讨论某一事件对它的影响。不过，博物学不仅仅是编写名录和野外指南，尽管这些很重要。博物学还探索更广阔的问题：所有这些碎片是如何组装在一起的？我们能发现怎样的相互作用？什么改变了？我们的知识赋予我们什么样的责任？

本书追溯对自然界进行研究的迷人故事，它始于18世纪，并在之后吸引了越来越多热情的参与者。18世纪的社会慷慨地给予博物学大量的关注。当时法国私人藏书馆中第二大常见书目就是博物学家布丰的不朽巨著：36卷本的动物百科全书。有教养的先生和小姐们通常都会收藏鸟类和贝壳标本，而他们的"珍奇柜（馆）"（收藏标本的柜子或房间，代指收藏品）的规模则常常反映了他们的财富、品味和高雅的程度。

不过，对博物学的兴趣并不仅仅限于时尚。从18世纪初一直到19世纪，主要的欧洲大国都参与到对世界范围内具有经济价值的自然产品的抢夺之中。首相们相信，帝国的命运仰赖于识别、培育并运输特定的植物，如茶树和橡胶树。托马斯·杰斐逊（Thomas Jefferson）派遣刘易斯（Lewis）和克拉克（Clark）横越北美大陆，其中一项任务就是考察美国通过"路易斯安那购地案"新近获得的土地上有哪些自然经济产物。

当相互竞争的帝国派遣军队和探险家们扫荡丛林和异域高地时，一场与之不同但同样激烈的竞赛在美国西部的不毛之地上展开了。对激动人心的化石骨架尤其是恐龙的向往，俘获了美国一代博物学家的心。这造成了19世纪人类对骸骨的争夺，其激烈程度堪比第五大道的"强盗大亨"之间相互抢夺煤炭、铁矿石和石油。公众则发现侏罗纪的宝藏令人陶醉。为了证明这种热情，我们只需要想想，到20世纪初期时，去自然博物馆参观这些史前遗迹的人要多于参与橄榄球赛的人。

博物学也为思想竞争提供了舞台。宗教观点与世俗观点之间的冲突经常集中在对自然的阐释上。比如，大西洋两岸的社会都激烈地讨论达尔文进化论的含义。[1] 对一些人来说，进化论威胁着要摧毁已有的宗教；而对另一些人来说，它有可能复兴一系列在他们看来正处于衰落和过时状态的宗教观点。正如在奴隶制引起的激烈辩论中一样，家庭也因为在进化论上的冲突而分裂。在19世纪的科学会议上，广受尊敬的人们彼此出言不逊（有一次争论太过激烈而导致一位妇女晕倒）。

博物学的故事并不以20世纪初期博物馆的如日中天或殖民帝国的分崩离析而结束。今日世界的问题驱动着当下博物学中的研究。早期博物学所受到的推动有许多来源于欧洲对全球其他地区的探索。最近的发展——主要是为了刺激经济增长——已经毁坏了许多地方，比如巴西的海岸丛林，它们从前曾诱惑博物学家们离开温暖的家，进行危险的远征（许多人再也没能回去）。全球各地的博物学家们都担忧，发展的节奏可能会给这些从前的原始地区和地球上许多相互关联的动植物多样性带来不可挽回的破坏。对热带雨林的掠夺每年毁坏大约76,000平方英里（约20万平方千米）——这大致相当于整个哥斯达黎加的面积。威尔逊（E. O. Wilson）等深切关注此类问题的博物学家指出，我们知识的匮乏使得问题更复杂了。我们正在使未知的物种灭绝，其结果是我们无

1. 目前学界对“evolution”一词的译法存在争议；有学者认为应当译为“演化论”或“天演论”，而非“进化论”。至于具体的争论点，有兴趣的读者可参见相关讨论，本书仍遵从旧译。在此仅提醒，就历史而言，达尔文之前的“theory of evolution”通常是有方向性的，如拉马克的爬梯论（后来的新拉马克主义的“evolution”也有方向性）；而达尔文的“theory of evolution”是无方向性的，即“随机突变，自然选择”。——译注

法知道现在正永远消失的那些物种的潜在价值。在采取何种行动以阻止生物多样性流失这一问题上，科学家、政治家和经济学家们有很大的分歧。不过，在国际会议上，他们确实同意，当务之急是列一份完整的地球物种清单，尽管这个任务看上去相当艰巨。人类的环境、经济、政治和社会健康可能就依赖于此类动议能否成功。

尽管博物学与今日紧迫的生态和环境问题紧密相关，但这个“高科技”时代的科学作家和其他评论者很少会从根本上视该学科为探索自然世界的起始阶段。他们以高人一等的态度视博物学为过时的风尚：成为一名博物学家仅仅意味着命名并描述在自然界中发现的事物；博物学是一种消遣，会令人想起那些穿着灯笼裤、拿着捕蝶网的男人，或者拿着植物标本的维多利亚时代小姐这样的画面。不过，对该学科历史的研究很快会消解这样一幅过于简单化的漫画。诚然，命名、描述和分类仍然是一项基本活动，构成了探究大自然的基础。不过，对深刻理解自然秩序的追求，使得博物学家们超越了分类，他们也致力于提出能够解释生命世界的总体理论。那些专注于自然秩序的博物学家探求生物体之间的生态关系，以及生物体和它们周围环境的关系。他们提出重要的进化问题，关乎变化如何在短时期内和长时期内实际发生。由此，许多博物学家被更深的哲学问题和伦理问题吸引：我们理解自然的能力的限度是什么？以及，当我们理解了自然，我们有能力保护它吗？博物学家们询问他们所发现的秩序的意义，并仔细考虑我们对它担负的道德责任。

那么，博物学是否仅仅意味着收集蝴蝶和花朵呢？只有在阿尔弗雷德·丁尼生（Alfred Tennyson）于《墙缝里的花》（“Flower in the Crannied Wall”）一诗中提到的意义上才是：

墙缝里的花呵，

我从裂缝中将你采出，

捧你在手心，连根一起，

花呵——倘若我能理解

你的全部，从根到花，

那我也必能理解上帝和人类。

在18世纪，乔治-路易·勒克莱尔，即后来的布丰伯爵（Georges-Louis Leclerc，Comte de Buffon）和瑞典博物学家卡尔·林奈（Carl Linnaeus）与许多其他自然研究者一道，建立了连贯的博物学传统。我们追溯这一传统，理解它如何展开并与生命科学中的其他传统交流，考察它的一些主要成就，并思考它目前在科学世界的地位。我们关注它在何种程度上反映了时代的文化，在何种程度上具有自己的历史。在探索这些主题时，我们也考察博物学家在哪些机构中进行他们的研究以及他们所获资助的来源。我们观察博物学如何产生了生命科学中主要的统一理论，揭示了一些最深刻的对自然的洞见，带来了对环境的关切，并在两个半多世纪的时间内吸引了公众的兴趣。

对自然的着迷使得一些博物学家抛弃了家庭的温暖，愿意承担田野工作的艰苦与危险；它驱使其他人花费无数个日夜检查数据。的确，这一传统激发、启迪并愉悦了它的实践者们以及他们的观众。

译者关于本书译名的说明：根据作者的解释，书名*Finding Orders in Nature*意指本书的主题是博物学家在自然中发现或建立秩序的努力。即，这些博物学家有两个探索方向：一是发现自然中已有的、潜在的秩序；二是如果在自然中找不到真正的秩序，那就尝试着根据已有的自然知识发明一种秩序，也就是为自然立序。书名的含义也是作者在书中讨论“自然体系”和“人工体系”的意图所在。中文书名难以传达出英文书名所具有的这些含义，故在此说明。

第一章

采集、分类和解释自然：
林奈与布丰，1735~1788

作为一门科学学科的近代博物学兴起于18世纪。尽管有许多人参与了该项事业，但定义它并为它指明方向的是两位重要人物：瑞典植物学家林奈和法国贵族、自然研究者布丰伯爵。他们在研究博物学之前有不同的背景，从而给博物学带来不同的视角。在那时，博物学中并没有什么正式的训练。大学并不将它纳入学习科目，也没有任何人将它看作是一份职业或工作。

林奈通过相关学科——医学——获得了一些博物学知识。医学教育包括了研习解剖、生理学和药用植物学，因此是通往博物学的常见道路。早期的许多博物学家都有着相似的经历。相比之下，布丰则对科学和我们今天所称的林学有广泛的兴趣。尽管这两位博物学家是从不同的视角接近自然（且彼此间“文人相轻”），但他们的工作却共同为近代博物学奠定了基础。他们的努力相结合，使理性地命名并分类全球自然产物所依据的原则获得了发展。同样重要的是，林奈和布丰都寻求理解自然秩序，他们相信它支配了一切，并且受特定的、可识别的法则约束。

林奈

18 世纪欧洲的医学教育反映了它的中世纪起源。诸如英国、法国这样的大国都往往只有一两所中等规模的医学院。这些机构中的教育强调书本知识而非直接经验。它们中有许多会在不需要学生在本校学习的情况下授予学位，只要对方能通过考试并给出一篇医学主题的原创论文。学生们通常没什么吸引人的观点。那些来自欧洲小国的人常常需要去国外学习，许多人都去了当时最著名的荷兰学校。

在 18 世纪早期，荷兰共和国（United Netherlands）由 7 个半独立的省组成，其中 6 个都有大学。位于荷兰（Holland）的莱顿大学（University of Leiden）是荷兰共和国最古老、最知名的大学，以其医学训练闻名国际。不过，它对授予学位征收高额费用，并且要求严格。莱顿大学并不允许在其他地方接受训练的学生仅靠提交一篇已准备好的论文并通过考试就获得学位。这与其他医学院校的做法形成了对比。比如，在位于海尔德兰（Gelderland）的哈尔德韦克大学（Harderwijk University），医学候选人只需要一周的时间就可以获得学位——并且价格相当低廉。因此，在 1735 年，卡尔·林奈，一个瑞典村庄牧师的儿子，带着获得医学学位的目的来到了哈尔德韦克大学。到了 6 月 23 日，在他到达那里 6 天后，他已经是一名医学博士了。

28 岁的林奈已经在隆德（Lund）和乌普萨拉（Uppsala）学习过医学（尽管由于这两所瑞典大学中医学教育的可悲状况，他在很大程度上是自学的）。他去哈尔德韦克的时候带了一篇名为“间歇热病因的一种新假说”的论文，在文中论证说某些发热是由于生活在黏质土壤上引起的。林奈渴望在瑞典找到一份工作，为此他认为拿到一所有名望的荷兰大学的医学学位是必要的。在离开瑞典前，他已经向法伦（Falun）采矿中心小镇医生 18 岁的女儿求婚。未婚妻所带来的丰厚嫁妆将帮助他成家立业。

对他的职业抱负更重要的是，林奈将自己的一系列作品带到了荷兰。它们给颇具影响力的荷兰医生和业余博物学家圈留下了如此深刻的印象，以至于他们说服他在荷兰停留了 3 年。在这 3 年中，林奈发表了他的早期作品，以及几篇新的手稿。这是一段非同寻常的时期，因为在这些作品中，林奈简述了许多他将在之后富足而多产的人生中详尽阐述的基本观点。

林奈主要关注对自然物体的命名和分类。他对这些活动的兴趣反映了它们在林奈时代对博物学研究的重要性：欧洲人每年都会遇到成千上万种动植物新种，外加无数新的岩石和矿物。数十年来，阿姆斯特丹和莱顿的植物园已经成为接收来自荷兰殖民地以及航海贸易的植物的主要中心。这些来自非洲、新世界、太平洋岛和亚洲的外来植物并不为欧洲科学界所知。博物学家们检查这些标本，目的是为了记录造物主的作品，并更好地追踪有潜在价值的自然产物。与他们的法、英同行一道，荷兰商人和银行家们努力扩张他们在全世界的利益。出于实际的理由，他们明智地鼓励博物学的成长。与此同时，欧洲人也更详细地记录本地的物种。

林奈对新标本的丰富性有亲身的体验。在他去荷兰的 3 年前，他获得了瑞典皇家科学学会（Swedish Royal Society of Science）的一笔资助，用于探索拉普兰（Lapland）基本还不为人所知的博物学。他用了5个月的时间在斯堪的纳维亚半岛的最北端旅行，观察并采集动物、植物和矿物。后来，1737 年在阿姆斯特丹的时候，他发表了对本次旅行所遇植物的记述——《拉普兰植物志》（*Flora Lapponica*）。在拉普兰探险中，他获得了关于异域栖息地的直接知识，并感受到了田野博物学家所面临的巨大困难。当医学界一位颇有影响的人物请他前往非洲南部为荷兰馆藏收集植物时（还抛出了额外的诱饵：归来后有可能获得一份教授职位），林奈拒绝了。他有一个更舒适的、可以拓展他的博物学训练的选择。在获得医学学位之后的两年，他为乔治·克利福德（George Clifford）担任植物园的主管（兼他的私人医生），后者是一位富有的金融家，并且是荷兰东印度公司的经理。这个植物园及其温室中有来自南欧、亚洲、非洲和新世界的标本。克利福德的私人动物园中饲养了许多令人眼花缭乱的异域动物，从老虎到稀有鸟类都有。

林奈在拉普兰和克利福德植物园中的经历让他切身感受到了博物学的迅速发展。新材料尽管令人兴奋，但也确实提出了问题。首先，外来的和本地的新材料都给人带来疑惑，因为它们大部分都不能轻松地与早先的分类体系吻合。由于没有给动植矿物命名的标准程序，作者们常常会给同一植物取不同的名字。他们有时还未能辨识出同一动物的雌性、雄性和幼年形式，结果将其命名为 3 个不同的物种。

林奈在获得博士学位后发表的第一篇手稿仅 12 页。在《自然的体系》(*Systema naturae*，1735）一文中，他勾勒了一个他相信会给博物学带来秩序（他认为这一任务至关重要）的总体系。“智慧的第一步是认识事物本身，”他在开场白中这样写道，“这一观念在于正确认识对象；而对象是通过有系统地分类并恰当地命名来被区分、被了解的。因此，分类和命名将是我们科学的基础。”*

《自然的体系》为植物、动物和矿物提出了一种新的分类体系。其中最具原创性、最有影响力的部分包括一套植物性分类体系。尽管古人并不明白植物是有性繁殖的，但17世纪末的欧洲博物学家们已经知道了。林奈创造了一套极妙、极简单的等级体系，根据植物雄蕊的数目及相对位置将植物安排到24个纲（class）中。他继而主要根据雌蕊的数目和位置，将纲分成65个目（order)。林奈继续通过其他特征区分特定的属（genera）和更为特定的种（species)；其中每一个属都由数个具有相同特征的种组成。这一体系的简洁性和应用的相对简便使得它颇具吸引力。他在自己的拉普兰植物志和为克利福德植物园发表的极佳的名录《克利福德植物园》(*Hortus Cliffortianus*，1738）中都使用了这一体系。

现在将林奈的体系与17世纪著名的法国植物学家约瑟夫·皮顿·德·图内福尔（Joseph Pitton de Tournefort）的分类体系做比较。图内福尔相信，任何严肃对待这一学科的人都应当能记住包含了当时已知的10,000个物种的698个自然属。相反，林奈为业余爱好者、旅行者和园丁提供了一种更简单、更实用的方法。林奈承认他的方法并未反映任何“真正的”自然秩序，但他相信博物学家应当使用他的“人工”体系，直

* Carlus Linnaeus, *Systema naturae:Facsimile of the First Edition*（1735；Nieuwkoop：B. DeGraaf, 1964），19.

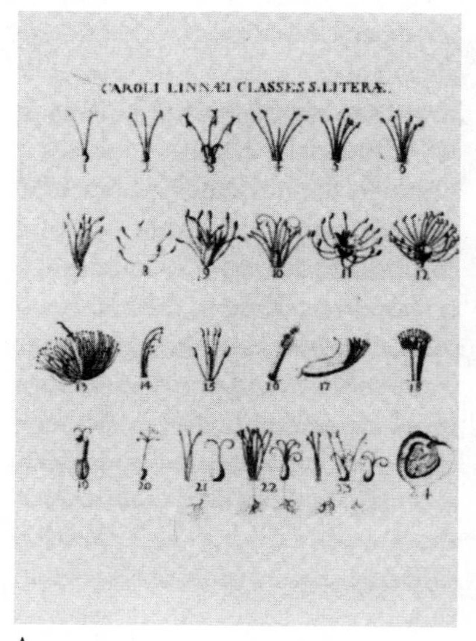

A

B

命名植物和动物

分类体系有两大类：人工的和自然的。一个**人工体系**是一种组织、检索信息的方式，它并不对该体系所界定、排序的组群之间的真实或实际关系下结论。对鸟类或野花的描述性手册常常依赖于人工体系——比如，只依靠颜色来分类。林奈因他的性分类体系而声名显赫（A）。他基于花朵雄蕊的数目、位置或关系（比如，具有四个长雄蕊和两个短雄蕊）将植物分成 24 个纲。前 11 个纲是由雄蕊的数目决定的（一个、两个等）。

而一个**自然体系**则试图反映自然中的实际关系。布丰相信他揭示了四足动物之间的一种自然秩序，反映了它们所经历的历史变化。他假定马、斑马和驴都是一种原种马的后代，以此来解释三者在解剖学上的相似性。对马（上）和驴（下）的骨架比较显示了它们的高度相似性（B）。

■ 图 A 为 G. D. 艾雷特（G. D. Ehret, 1736）所作，来自林奈的《自然的体系》（*Systema naturae*；Leiden: Haak, 1735）。图 B 来自布丰的《布丰全集》（*Oeuvres complètes de Buffon*; Brussels: Lejeune, 1828, vol. 6, pl. 10.）。

到他发展出一套能真正传达上帝在自然界中设计的体系。他余生都致力于构建这样一个“自然的”体系，但最终结果都不甚理想。与此同时，性体系在大部分欧洲被广泛接受。

林奈在其分类体系中使用的术语反映了他的文化背景。他没有使用诸如“雄蕊”或“雌蕊”这样的术语，而是选择了希腊语中分别代表“丈夫”和“妻子”的词汇——“*andria*”和“*gynia*”。而纲的名字有一夫制(*monandria*)、两夫制(*diantria*)、三夫制(*triandria*)等，反映了植物中不同形式的“婚姻”。除了一夫制也就是只有一夫一妻之外，其他的婚姻形式都涉及多个所谓的丈夫或妻妾，以及其他明显不规则的安排。尽管一些博物学家对林奈的性比喻感到震惊，但林奈的术语仍被认为有效。

比林奈使用性比喻更重要的是他为命名法，或者说植物命名立下的新规则。先前植物的科学名称包含了两部分：一个单词（或几个单词）表示一组植物，接着是一连串将该植物区别于其他相似植物的特征描述。由于并不存在一份获得了一致认同的名称清单，并且由于多年以来作者们使用不同的特征为相同的植物命名，于是产生了相当多的混淆。林奈的改革使得植物的名字更像人的名字：同属的所有种有一个共同的名字（属名），另外还有一个种加词区分同属内的不同种。

林奈的双名法的基本理念出现在他于1736年发表的一份手稿中。他后来扩展了他的原则，并在《植物种志》(*Species plantarum*，1753)一书中使用了这些原则；该书记录了所有已知的植物种类。这一做法很快就流行起来。至今博物学家仍将《植物种志》以及林奈第五版的《植物属志》(*Genera plantarum*)看作是植物命名法的起点。林奈还为如何选择名称立下了规则。比如，属的名称只能包含希腊或拉丁词根，并且不得是两个单词的复合物，也不能纪念与科学无关的圣人或其他人。

对林奈而言，为造物主的作品命名并排序，这将研究自然和信奉上帝联系在一起。从林奈的秩序观念中可以看出，他将创世看作是一个平衡而和谐的体系。他认为，分类可以反映那种和谐。在后来的著作中，林奈还描述了自然的一种总体平衡。每一种植物和动物都占据了生命之网中的一个特殊位置，并协助维持这一网络。他观察到，食肉动物或食肉植物每天都在消灭那些倘若不加抑制就会繁殖过快，以至于超出其食物来源总量的动物。如此复杂的关系证明了存在一种由神制约的平衡。捕食者和猎物之间的相互关系将彼此联系在整体和谐、静止的体系中。林奈相信，最初的物种在自然中的关系与它们现在的关系相同，即使它们从创造时的位置散布到了被分配给它们的区域（也就是它们自那以来被发现所在的地区）。林奈最初还坚称，物种自创造以来就未改变，不过他后来修正了这一观点，接受了适时的杂交可以从原初物种中产生新物种这一观念。

林奈强调自然的丰富性，他致力于尽可能完全地为自然编写名录。在荷兰，他考察了宏大的公共收藏和私人收藏，在回到乌普萨拉之后，他在大学植物园中继续他的研究，并创建了规模颇大的私人收藏。无论欧洲的收藏看上去有多么丰富，林奈清楚它们绝非完整，因此他与世界各地那些希望他将他们的发现收入《自然的体系》后续版本的博物学家通信。林奈渴望扩大他在世界范围内的控制力，因而积极鼓励他的学生们远航，以帮助完善他对生命世界的记录。这些探险向富有冒险精神的博物学家们提供了激励和挑战。林奈称这些学生为他的“使徒”。他们积累了大量的收藏，他们的工作扩展了植物学知识。比如，丹尼尔·索兰德（Daniel Solander）参与了英国探险家库克船长的第一次环球航行。其他使徒前往北美、南美、亚洲和整个太平洋地区，带回了令人难忘的博物学标本。

18世纪的旅行，尽管可能令人愉快，但有着极大的危险。林奈将他喜爱的学生佩尔·略弗灵（Pehr Löfling）推荐给驻斯德哥尔摩的西班牙大使，后者当时正代表西班牙国王找寻一位年轻的博物学家，以研究西班牙植物。年轻的略弗灵前往西班牙，花了两年的时间进行采集。在那之后不久，他又前往南美，但那里的气候被证明是致命的——他死于高烧，年仅27岁。同样地，林奈的老伙计克里斯托弗·泰斯罗姆（Christopher Tärnström），一位有家室的牧师，雄心勃勃地想要去中国采集标本。他在瑞典东印度公司的一艘船上获得了一个免费席位，但只到达了东南亚。他在那里得了一种热病去世了，留下他穷困的寡妻和孩子。

不过，探险的危险并未阻挡年轻的爱好者们。数不清的机会在等着他们——欧洲大国为了异域物种潜在的商业价值积极鼓励博物学探险。欧洲帝国主义寻求政治控制是为了获得进一步的经济利益，而对自然资源的搜刮在欧洲的扩张中扮演着重要角色。在为来自全球的产物命名、分类时，博物学家们助长了帝国扩张，并且也隐含地表达了一种文化帝国主义。原住民们或许生活在丰富的鸟类和植物当中——确实，雨林所包含的丰富性要大于任何一个欧洲国家——但在林奈看来，当地的居民缺少最基本的知识。他们不知道是谁创造了他们周围的植物和动物，也不知道如何恰当地称呼这些对象，以及如何将它们纳入已建立的秩序中。在林奈看来，本地名或者说俗名并不具有科学价值，也未能反映对上帝的创世、设计或者意志的一种更深层次的宗教性认可。正如传教士试图拯救土著民族的灵魂一样，林奈使徒们力图通过第二次命名来拯救世界物种。

林奈对于他在这一伟大事业中的地位一点也不谦虚。亚当或许是命名上帝造物的第一人，但林奈宣称自己同等重要。“上帝听任他窥探自己的秘密橱柜，”他用第三人称指代自己，如是写道，“上帝听任他看到自己的造物，比之前任何人看到的都要多。上帝赋予他巨大的洞察自然知识的能力，比之前任何人获得的都要大。上帝一直与他同在，无论他身在何处；上帝为他赶走所有的敌人，并使他的名字成为地球上最伟大的名字之一。”*

北极花

命名了如此众多植物和动物的林奈，却只有一种植物以他的名字命名：北极花（*Linnaea borealis*），英文俗名为“twinflower”。它极为朴素，却承载着如此丰厚的荣誉。在他的一本著作中，林奈多少有点假谦虚地将它描述为一种微不足道、常被忽视的植物——就像他一样。

■ *Linnaea borealis*, 1797；作者自己的收藏。

* 引用并翻译自Knut Hagberg, *Carl Linnaeus*（New York: E. P. Dutton & Co., 1953），208。原文出自Elis Maleström and Arvid Uggla, eds., *Vita Caroli Linaei: Carl von Linnés Självbiografier*（Stockholm: Almqvist & Wiksell, 1957），146。

布丰

林奈在国际上的主要竞争对手也出生于1707年，但比林奈多活了10年，并且对博物学现代传统的建立同等重要。尽管两人都热爱自然，对博物学充满激情，但他们在其他方面迥然不同。林奈大部分的职业生涯是在一个小的大学城度过的，而他的对手则居住在当时最重要的大城市——巴黎，并且在法国科学界身居要职。

1739年7月29日，法国的路易十五任命乔治-路易·勒克莱尔·德·布丰，一位善于社交的勃艮第家庭的长子，为皇家花园（Jardin du roi，Royal Garden）的总管。担任这一职位可以获得一份不算丰厚的薪水和在皇家花园的住处。最重要的是，成为皇家机构的首脑意味着随之而来的声望和庇护权。布丰，后来的布丰伯爵，很快就成为巴黎的一支可以投靠的势力。

尽管布丰在政治上精明老道同时又博学多识，但他的声望主要来自于在物理科学而非生物科学上的工作。他的贡献是将牛顿科学介绍给法国，他将艾萨克·牛顿（Isaac Newton）的微积分著作翻译成法语。他于1733年成为法国科学院（Academy of Sciences）力学分部的成员。但皇家花园关心的是一系列不同的问题。路易十三于1635年建立皇家花园，最初是被当作研究药用植物的植物园。之后的几任总管拓展了它的功能。到了布丰的时代，花园有一位专业职员负责举办公开讲座，涉及植物学、化学和解剖学；花匠们培育了种类繁多的植物；它的一座建筑还陈列着国王的博物学珍奇柜，即皇家珍奇柜（Cabinet du roi）。

尽管他的背景并不表明他在管理这些活动上有多少专业知识，但布丰对博物学怀有一些兴趣，并且对他而言幸运的是，它们给他带来相当高的政治威望。比如，他关于木材强度和森林培育的工作，就被证明特别有用。路易十五的海军大臣莫尔帕伯爵（Comte de Maurepas），请求布丰与一位著名的科学家合作研究重新造林和改进造船木材的问题。这项研究的结果是几篇发表作品，以及给布丰带来的一次成功的商业冒险。后来，莫尔帕伯爵在布丰获得皇家花园掌管权时起了关键作用。

布丰在皇家花园的生涯极其辉煌。他使花园的规模扩大了一倍，并大幅度增加了其中的博物学藏品。在布丰的掌舵下，皇家花园成为当时最重要的研究生物世界的机构。

不过，布丰的管理才能并非他声名不朽的原因。相反，他的声誉仰赖于一项他在担任皇家花园主管之后不久酝酿出来的事业。卓越宏大的收藏品通常都有编目（可以反映藏品主人的荣耀），布丰在皇家花园的首要任务之一就是为国王的博物学藏品制作名录。布丰并不打算为皇家藏品里的珍奇之物准备一份带注释的清单，相反，他设想了一部不朽的作品：一部网罗所有生物和矿物的完整博物志。他估计这项工程将耗时约10年。他过于乐观了。布丰发现自己不得不一次又一次地修改时间表。在之后将近50年的人生中，布丰发表了其中的36卷，勾勒了一套关于地球的理论，并编纂人类、矿物、四足动物和鸟类的博物志。（在他死后的20年，一批专家完成了其余他未能处理的主题。）

布丰写作一部完整博物志的工程超越了之前的任何尝试。为了这一丰碑式的巨作，布丰又有什么资源可以利用呢？他在第戎（Dijon）受的教育，先是在一所耶稣会学院，接着在法律系，都不包括博物学。因此，为了完成这一巨作，布丰系统地编纂了先前所有与他的关注点相关的作品。他发现古人们——尤其是亚里士多德和普林尼——比许多晚近的作者更具参考价值。

亚里士多德在他的《动物志》(*History of Animals*) 一书中，强调详细的一手观察的重要性，并且带着揭示普遍原理的目的收集了许多信息，其数目之多令人印象深刻。他假设生物世界有一种普遍秩序，尽管他并未构建一个体系来为那一秩序确立等级，但他为此提供了许多可能的起点。对布丰而言，亚里士多德的作品增强了他的信念，即博物学应当建立在广泛的观察知识之上，并且它应当超越细节，致力于构建一幅自然之秩序的总体图画。

亚里士多德给了布丰极大鼓舞，不过布丰是在亚里士多德的继承者、罗马作家普林尼的作品中发现了可以效仿的榜样。自古典时代晚期[1]以来，读者们就一直推崇普林尼为最伟大的博物学权威。在37卷本的自然世界百科全书[2]中，普林尼宣称他参考了先前所有的希腊、罗马作者的著作。他将信息有效地组合起来，创作了对自然世界的总体概览：天空、地球、动物、植物和矿物。他的百科全书中那些特别迷人的单篇被一代又一代对自然怀有好奇之心的人阅读。后来的作者们会增补点新的东西，偶尔也会对某些具体的点提出挑战，但普林尼从古代到18世纪一直享有崇高的地位。布丰对普林尼大加推崇，并且经常引用他的博物志。如同同时代的其他作者一样，布丰容忍了普林尼的寓言故事和那些看起来过于轻率的报告——比如，普林尼说，那些从蜂房中采蜜

1. 古典时代晚期（late antiquity），这个术语被历史学家用来指从古典时代向中世纪的过渡时期，通常被认为始于罗马帝国的第三世纪危机（约235~284年），一直到七世纪中期赫拉克利乌斯重组东罗马帝国和被穆斯林征服。——译注

2. 即普林尼的《博物志》（*Naturalis Historiae*）。——译注

的人如果随身携带啄木鸟喙的话，就可以避免被蜜蜂蜇伤。布丰论证说，这样的错误很容易就能被改正。他将自己的轻蔑留给了他之前两个世纪的那些作者，指责他们编纂时漫不经心，极为不精确。

从14世纪到16世纪，文艺复兴时期的人文主义者努力用地中海作者们所未知的植物信息来完善古希腊和罗马的植物学著作。最初，他们的兴趣集中于具有药用价值的植物，但后来很快就扩大到所有的植物和动物。他们的作品借由文艺复兴时期艺术家的现实主义木版画而得到提升，创造了16世纪初期自然类书籍的黄金年代。奥托·布伦菲尔斯（Otto Brunfels）的《植物图解》（*Living Images of Plants*，1530）就是一个极好的例子。

不过布丰并不欣赏这些作品。在他看来，文艺复兴时期的人文主义者们不加鉴别地将所有关于自然的文字都搜集起来，不区分可靠的观察与虚构或充满象征意义的故事。比如乌利塞·阿尔德罗万迪（Ulisse Aldrovandi）就出版了著名的博物学著作。他既报告了他在自己博物馆中进行的探索，也记录了寓言故事和道德说教。他既致力于教导读者，也致力于愉悦读者，因此也包含了流行的"寓意画"。这是文艺复兴时期的一种文学艺术类型：一幅寓意画通常包含一句箴言、一幅图画和一首诙谐的或是传递某个特殊信息（比如忍耐的价值）的短诗。由于寓意画中的许多内容都利用动物，因此它们提供了一种丰富的、可供阿尔德罗万迪等作者借鉴的文学传统。

如同文艺复兴时期的其他博物学家一样，阿尔德罗万迪在带有浓厚基督教色彩的框架内写作；上帝之手、造物主，可以轻易在所有的历史、自然和艺术中找到。对自然的研究导致了一种自然神学，以作为对《圣经》启示神学的补充。布丰更世俗的视角使得他认为文艺复兴时期的作者们所写的大部分作品都毫无价值，因此不值一提。在他《博物志》(*Histoire naturelle, générale et particulière*)开头那段著名的关于方法的论述中，布丰声称如果删除阿尔德罗万迪著作中所有与自然研究无关的章节，那么只有十分之一会留下。

17 世纪的博物学家们拓宽了博物学的观察基底，并且对于他们所收录的更加挑剔。然而，对布丰而言，如果对生物世界的研究有志于成为一门科学，而不仅仅是一项文学事业的话，那么一种更严格的方法将是必需的。为了树立榜样，他在前 15 卷论四足动物中，基于皇家收藏的标本，加入了对动物内部及外部特征的解剖性描述。他总结了最新的有关分布、繁殖习性、生活阶段、变异、行为和环境背景的知识，并列出了数代以来其他博物学家给动物起的不同名称。

布丰的《博物志》整体结构遵循了普林尼的作品，不过他极大地提升了其科学价值。每一卷都包含了与描述相匹配的版画，并且在那些给出详细描述的文章之间还点缀着综述性论文，综合了布丰对动物世代、分布和分类的考察。较之于普林尼，布丰的优势是有大量的博物学藏品供他支配。他勤勉工作，不断扩大皇家花园的藏品，并且成功地将其建成为当时欧洲最伟大的收藏。像林奈一样，他建立了一个世界级的通信网络，来自世界各地的通信者会将标本寄往巴黎博物馆；并且像其伟大的北方对手一样，布丰还几乎拥有全部的欧洲博物学文献。

尽管布丰缺乏中国学者和印度学者所积累的知识，并且他拒绝考虑 18 世纪法国在全球各地遇到的当地人所传递的信息，但他所拥有的资源却足以使普林尼所能想象到的任何事物都相形见绌。因此，布丰的百科全书所反映的主题从性质上讲不同于先前博物学书籍。通过给出详细而全面的研究，并利用这些研究尝试着揭示自然中的秩序，布丰的《博物学》促进了一种新传统的创立。

布丰的博物学还为启蒙运动提供了一大核心文献。启蒙运动是一种全新的世界观，1750 年之后它先在法国接着在整个欧洲都变得重要。启蒙思想家们，即与启蒙运动紧密相关的法国作家们，寻求以一种建立于人类理性之上的自然主义世界观代替传统的基督教世界观。启蒙思想家们动用了各种各样的智识工具以与过去决裂。他们利用了世俗且古典的希腊与罗马作者的作品、17 世纪质疑基督教信条的怀疑论者的作品，还有来自外国哲学传统的，尤其是那些强调观察价值的英国作家的作品。启蒙思想家们为政权、道德、政治和艺术设想了新的智识基础。在他们的自然主义世界观中，科学占据了一个特权地位。他们视牛顿的物理科学为客观探索的象征，诸如伏尔泰这样的作家使这类“新英格兰科学”深入人心。

在尝试着使他们的同时代人免于基督教禁锢时，启蒙思想家们构建了另外一种神学观，其中上帝被描绘为一个抽象的几何学家，他确立了物质和运动定律之后，任由体系自己运转出种种细节。但地球科学和生命科学很难从这种自然神论观点中获得发展。博物学聚焦于特殊性并且强调多样性。使问题更复杂的是，那些更易于容忍有关天堂的另一种神学观念的神学家们，在博物学的问题上却更保守。比如巴黎大学的神学家们，坚持对《创世记》做字面解读，并且撰写了大量的自然神学文献，论证说生物世界是上帝存在的证据和上帝道德法则的映象。

自然的任性

18 世纪的许多博物学家们将自然描绘为完美的，认为这种完美反映了上帝的智慧，并且确实证明了一位神圣造物主的存在。林奈认为上帝的计划包含了植物和动物的外形，以及它们的分布和关系。

相反，布丰则从一种世俗视角出发，承认自然中存在着怪物和“不那么愉快的”创造。他主张，它们的存在与基于过分简单化的完美自然观的宗教论证相矛盾。他很喜欢的一个自然之“错误”的例子是巨嘴鸟。布丰认为它的喙过分地大，且不实用。

■ 图片来自 Georges Louis Leclerc, comte de Buffon, *Oeuvres complètes de Buffon*（Brussels: Lejeune, 1828）, vol. 13, pl. 127.

布丰的百科全书则提供了一种新的、世俗的博物学观念。布丰以启蒙思想家的方式做出他的解释：在精确信息的基础上进行清晰的、大众化的讲述，受过中等程度教育的读者都可以读懂。他的文章描绘了自然的奇观，他的综述性论文则揭示了其秩序。同样重要的是，他的工作与滋养了欧洲博物学长达两个世纪的基督教传统一刀两断；更精确地说，他或许转变了那一传统。因为像其他启蒙思想家一样，布丰也信仰自然中存在着无处不在的设计，但他并不视那种设计为一种人格化的基督教上帝的作品，可以在自然之书以及《圣经》中发现其真相。相反，布丰将自然具体化为一种原动力，负责着造物的和谐、平衡和完满。他的重新解释并不是通过对公认观点提供一种非宗教性的解释来简单地否决自然神学；相反，他提供了一幅生物世界的新图景。布丰论证说，生物世界如同物理世界一样，遵循着可通过探索而发现的自然法则。不过，他认为自然就是其本身的目的，而非一种更高实在的映象。他的图景中并没有基督教造物主或基督教创世故事的痕迹。

布丰甚至挑战了自然神学的一个基本前提：造物的完美。尽管他经常描写大自然中的和谐与美丽，但他也这样写道，"在这一派宏伟景象中"还有"一些不被注意的产物和一些不那么令人愉悦的东西"。比如在论巨嘴鸟的文章中，布丰解释说自然不仅产生了如双头牛那样的怪物，而且还产生了如巨嘴鸟这样的怪物，它的嘴是"不自然的"：

> 自然所犯错误的真实特征是无用和不协调。所有那些过度的、过多的、被荒谬放置的且弊大于利的动物部分，不应当被安置在自然直接设计的宏大框架中，而应当被置放在其任性无常的小框架中，或者一个人喜欢的话，也可以称它为错误……并且无论所有的自然作品通常由什么样的协调、整齐和对称统治，不协调、过度和缺陷依然向我们证明了，自然的力量范围并不完全限于那些协调和整齐的理念，尽管这些是我们希望适合于每一样事物的。*

这样，自然的完美，如果人们可以合法地这样讲的话，并不在于设计的完美或适应的完美。它并不是一个全能的、至上的、在那些凝视其造物的人中激发了敬畏之感的创造者（craftsman）的产物[1]。相反，自然

---

* Georges Louis Lecderc, comte de Buffon, *Histoire naturelle des oiseaux*（Paris: Imprimerie Royale, 1781）, 7: 108–109. 英译为作者所作。

1. 英文中称宇宙创造者为"craftsman""divine craftsman"或"Demiurge"，是源于古希腊的哲学传统；柏拉图在他的《蒂迈欧篇》中对这一理论做了详细解释。——译注

的完美表现在自然的完整——所有能存在的，都存在。

布丰的世俗自然观提供了一种有吸引力的可以替代《创世记》的选择，因为在他的博物学中，布丰强调地球及其产物的历史发展。同时代人可以在他的著作中发现，他不但描写动物、植物和矿物，而且还描写了地球如何以及何时产生。布丰的读者可以纵览地球的历史，从它早期的熔融状态到它的现况，并且还能学到生物在地球表面如此分布的原因。布丰讲述了什么样的动物曾经存在，它们为什么以及如何随着时间改变，以及化石如何形成。

《博物学》中对上述所有内容的描述都未引用《圣经》或涉及某种超自然力量的直接作用。相反，布丰宣称一系列基础的、类似于牛顿的重力概念的力存在并产生了动物的形式和功能。这些“内在塑造力”，布丰这样称呼它们，作用于有机粒子，进而带来了这个星球上生命的多样性，其本身则是地球上化学进化的结果。内在塑造力是在地球早期发展中产生的。周围环境影响它们的表达，因此，随着动物迁徙或者气候、栖息地发生变化，所产生的造物的外形也会改变。属于同一“科”（families）的物种将共享相同的内在塑造力，并因繁衍自早期的同一个原始种而相互关联，这些都是同时发生的。走向灭绝的变种留下了化石作为它们的痕迹。地理变种则是由内在塑造力在不同环境中的不同表达造成的。

像普林尼一样，布丰力图为他的同代人提供一幅完整的自然画像。为此他采用了一种新的方式：历史的视角。在布丰看来，为了理解现在，一个人必须知道过去。如果有一套内在塑造力随时间与环境相互作用，那么解释当下生命形式的关键就在于揭示地球上生命的历史。布丰科学的这种历史维度打开了一种新的、将被后来人发扬光大的生命视角。它也与启蒙思想家们通过将现在与过去相连来解释现在的总体趋势相吻合。

对他的同时代人而言，布丰的重要性主要在于他写了一部世俗的“创世记”，在广泛的科学基础和广阔的观察基础上讲述了生命的出现。他的科学同行们批评其作品中潜在的推测元素，但他们也欣赏他的大胆。布丰于1749年开始发表他的世俗创世故事，而在此前一年孟德斯鸠发表了他论述政府的文章——《论法的精神》。狄德罗（Diderot）和达朗贝尔（D'Alembert）于1751年至1772年间发表了他们的不朽巨著——《百科全书》(*Encyclopédie*，包括17卷文本和11卷图版)。《百科全书》试图从世俗视角概括人类知识。与法国启蒙运动的其他文献相比，它更多是一种宣言，为通向知识的理性路径摇旗呐喊；它也是一个人文计划，以改变人们的想法，并鼓励社会、思想、经济和政治变革。布丰的《博物学》出现在欧洲思想的一个关键时期。他的同代人将它看作是自然界的“那本”百科全书，是对更普遍的《百科全书》的补充。

遗产

布丰的百科全书与林奈在分类和命名方面的杰出工作一道，为博物学在18世纪后半叶作为一门科学学科的出现奠定了基础。这并不是说布丰和林奈将彼此视为合作伙伴。林奈认为布丰华丽的散文令那些追求自然知识的人分心，布丰则认为林奈的分类体系不过是用来贮存信息的无聊表格罢了。但他们各自的努力联合的结果是提高了探索的严格程度，这种探索赋予通过观察获得的知识以首要重要性。自然被认为根据自然律运作，并包含了人类可以彻底了解的结构。理解自然的钥匙并非来自于《圣经》、沉思或神秘的洞察力，它在于认真的研究、比较和概括。

林奈看重命名和分类。对他而言，博物学的目标就是为生命建构名录；这一学科，尽管基于观察，但仍然保持着一种深厚的宗教意味。后来的许多和他有着同样分类嗜好的博物学家则是从一种完全世俗的观点来分类的。与此相反，布丰认为分类是第二位的。对他而言，博物学作为一种科学寻求揭示自然秩序的大致轮廓。那一秩序不仅仅是由罗列个体种类的清单构成。它描绘的是一幅宏大的画面，在其上可以辨认出自然关系、驱动力、地理分布和历史变革。对布丰来说，这一完美的自然图画激发敬畏，但他有意识地不将它想象为与犹太-基督宗教的创世故事相关，也不与在自然界知识中植入信仰上帝存在的神学尝试相连。

林奈和布丰认为他们各自代表了不同的认识自然的路径，但他们也有许多相同之处。他们都追求理解自然的秩序，他们都选择利用大量的博物学藏品来进行他们的工作，而非亲自去野外进行研究。立足于博物馆，他们都珍视新物种的到来，它们将拓展博物学的全球维度。他们每个人都编织了一张通信网络，来扩大他们的收藏。林奈和布丰明白全球大部分地区仍未被探索，因而他们对这个丰富的星球有许多仍一无所知。他们提供了一个基础，不过他们知道他们的工程还有待其他人来完成。

第二章

新标本：
将博物学转变为一门科学学科，1760~1840

林奈和布丰为现代博物学的发展确立了方向。他们的著作共同例证了博物学的目标：科学地为植物、动物和矿物命名、分类并排序。他们的著作有赖于他们辛苦建立起来的大量收藏。布丰可以接触到巴黎的皇家花园，它拥有欧洲规模最大的四足动物、鸟类、昆虫和矿物收藏。它还有一座宏伟的植物园，其中有6000多株活植物和供研究用的25,000多份植物标本。林奈的私人收藏无论在规模还是重要性上都可以与西方最强大君主的收藏相媲美。当他于1778年去世时，他留下了19,000份植物标本、3200份昆虫标本和2500份矿物标本。

布丰和林奈对采集的强调在后继的博物学家中结出了丰硕的果实。大规模的探险极大地扩大了采集的范围。大量的新标本资源，加上一系列看似无关的因素（将在本章中探讨），从根本上改变了博物学研究。这一学科逐渐扩张，变得精确，并获得各方支持，最终被转变为一系列科学学科。博物学作为一门科学学科的出现，和它进一步发展成几门专业化的子学科，这一过程可以通过研究博物学藏品来了解——它们的历史、它们的采集者，以及那些使博物学如此显著扩张的资源。

博物学收藏

在文艺复兴时期，首先是由宫廷采集者们填充了自然博物馆，自此以后，博物学就在定义欧洲的文雅文化（polite culture）中起了重要作用。这种与贵族的关联，加上大学学者（主要是医学学者）对自然标本的兴趣，传递了藏品所有者的社会地位信息。到18世纪时，绅士们认为一定规模的收藏是必要的配备，就像一辆马车或成套的银器一样。这些爱好者的“珍奇柜（馆）”通常都包括贝壳、矿石、古钱币和书籍。选择收藏品时，美学上的考虑与科学上的一样多。一本出版于1780年的手册这样建议道：

> 那些拥有数量可观的鸟类标本的人，可以用一种迷人的方式展示它们：将它们安置在一棵人工树的枝上，树枝应当涂成绿色的，树可以放在一个类似于洞穴的壁龛之后；还要有一个小喷泉，它所用的水当然不是来自溪流，而是来自水泵或一个置于屋顶收集雨水的小铅水箱。*

这些业余藏品可以达到很大的规模。当波特兰二世公爵夫人——玛格丽特·卡文迪许·本廷克夫人（Lady Margaret Cavendish Bentinck）于

---

* A. J. Desallier d'Argenville, *La Conchyliologie ou Histoire naurelle des coquilles...Troisième édition par MM. de Favanne de Montcervelle père et fils* （Paris: DeBure, 1780），193. 英文为作者译。

1785 年去世时，她的波特兰博物馆（Portland Museum，藏有古典艺术最著名的作品之一：波特兰花瓶）花了 38 天的时间进行拍卖。如此宏大的珍奇馆通常除了展示鸟类标本、昆虫和矿物外，还会展示大量其他物品，包括钱币、勋章、书籍和古玩。游客们将城市的珍奇馆看作是重要的当地景点，当时的旅游指南也会自豪地提到它们。1787 年出版的一本著名的巴黎指南列出了 45 处值得一看的珍奇馆。介绍信（或者熟人引荐）可以令最排外的博物馆为那些尊贵的客人打开大门。一些内容充实的博物馆也会允许公众付费进入。阿什顿·利弗爵士（Ashton Lever）位于伦敦的博物馆，通过强调其异域物种如极乐鸟和火烈鸟吸引了大量游客。由于利弗的收藏热情超出了他的财力，他向游客收取费用以抵消支出。

异域物种俘获了公众的注意力，它们为博物学的扩张提供了最肥沃的土壤。这并不是说博物学家们忽视本地的植物和动物。林奈的分类学和布丰的博物学百科全书激发了无数本地人的热情，他们描述动物、植物和矿物，并编纂这些记述。一些作者仿效林奈，给出简洁精练的描述；另一些人，比如吉尔伯特·怀特(Gilbert White)，则模仿布丰迷人的散文风格。

怀特的《塞耳彭的博物志与古迹》(*The Natural History and Antiquities of Selborne*, 1789）收录了这位乡村牧师写给两位博物学家的信，这两位博物学家是他在他兄弟的书店遇到的。这本书已经成为英国文学中的经典之作，位列印数最多的英文书前六名。这些信留存了一位知觉敏锐的乡村观察者所能获得的对自然的切身知识，这是一份纯粹的名录所不能提供的。怀特的博物志证明了详细认真地研究一小片地区的价值。正如他在一封信中所写："没有一个人可以独自探索自然的所有作品，这些本地的作者在他们各自的区域，或许比一般作者在发现上更精确，更少错误；这样逐渐地，或许可以为一种普遍的正确的博物学铺平道路。"*

怀特的作品只是成书于18世纪末的非凡的地方植物志和动物志的一个例子。通过用优美的细节记录一个有限地区的博物志，他们的工作提高了学科的水准，并完善了有关地球上自然物的知识。

一般公众虽然也欣赏范围较窄的本地研究，但他们发现异域物种更加诱人。南美洲的鹦鹉、澳大利亚的凤头鹦鹉、非洲的兰花、太平洋的鹦鹉螺和来自东南亚的色彩斑斓的蝴蝶，从各种收藏品中脱颖而出，价格不菲。

探险家、殖民地官员、四处旅行的博物学家和商行职员，为18世纪末19世纪初欧洲那些热切的观众提供了有趣或新奇的标本。在拿破仑战争结束之后，随着欧洲国家开始大规模探险，这一稳定的潮流变成了滔滔洪流，标志着殖民发展的一个新时期。商业、福音传道和战略利益激发了第二波扩张，而殖民则是第一波的特征。欧洲人仔细检查世界的每一个角落，以努力扩张他们的市场，并拯救潜在信徒的灵魂。

博物学在欧洲帝国主义中占据了一个重要地位。对市场、原住民和自然的统治是携手并进的。欧洲人在世界范围内更广泛的触角和许多自然产物的潜在商业价值，刺激了系统采集以一种前所未有的规模进行，从而为博物学家们探索异域创造了机会。

---

* Gilbert White, *The Natural History and Antiquities of Selborne* (Harmondsworth: Penguin, 1977), 80.

博物学收藏

博物学家会受到工作环境的影响。博物学收藏馆是尤为重要的工作地点，是研究的中心、参考材料的贮藏室和积极参与全球探险的机构。这些收藏品以一种明显的范式塑造了对自然的研究，有时也比较微妙。比如，对分类的强调源于为成千上万个标本排序的需要；而只有鸟类的标本的话，行为研究将是不可能的。

自 18 世纪以来，巴黎自然博物馆对博物学的发展一直很重要。起初法国国王的藏品被放置在他的皇家花园内，后来在法国大革命期间收归国家所有，并一直是博物学研究最伟大、最典型的收藏之一。从 1788 年开始，在图中剧场内会进行有关藏品的公共演讲。

■ 照片为作者所摄。

田野中的采集员

19 世纪初那些训练有素的博物学家们利用了这些新机会。他们的背景各不相同。比如，1819 年巴黎自然博物馆（Paris Muséum d'histoire naturelle）设立了一个项目，训练年轻的旅行博物学家采集、保存标本，并为它们贴标签、分类。这个项目是成功的，博物馆的教授们派遣受过训练的采集员前往西非、好望角、马达加斯加、印度、澳大利亚和南美等地，他们缺乏这些地区的标本。其他国家很快效仿，不久之后，来自柏林、维也纳和莱顿的代表们开始搜寻殖民世界的边远角落。这种局面为对自然和异域有兴趣的年轻人提供了极好的旅行和扬名立万的机会。不过随之而来的也有危险，这些想要成为博物学家的人（比如林奈使徒）有许多死于疾病、事故，或者偶然地死在了原住民手中——原住民们怀疑这些入侵者图谋不轨，尽管后者声称自己仅仅是来为巴黎和伦敦的绅士们采集蝴蝶和贝壳的。

即使对那些健健康康返回的人而言，成为自给自足的博物学家的梦想也常常无法实现。想成为博物学家的年轻人面临着立足的艰巨斗争。他们寻求能提供保障的职位或资助，但常常遭遇挫败。以朱尔·维勒（Jules Verreaux）为例，他被同行认为是19世纪最权威的鸟类研究者之一。他来自于一个动物标本剥制师家庭。他的父亲在巴黎以填充动物、售卖博物学标本为生；这个年轻人的舅舅——皮埃尔-安托万·德拉朗德（Pierre-Antoine Delalande），在巴黎自然博物馆制作标本，并曾经在政府资助下前往欧洲和南美进行采集。1818年，德拉朗德带着年仅11岁的朱尔来到好望角。这次为期3年的探险产生了丰硕的成果（13，405份标本，仅昆虫就有982个不同物种）。朱尔被南非的美丽风光和观察采集所带来的兴奋深深迷住了，于1825年返回好望角，在那里一待就是13年。他通过向父亲寄送标本和为开普敦的博物馆准备标本来养活自己。

维勒希望，他在非洲停留期间收集的众多藏品（以及他的科学笔记）可以使他在博物学界立足。但当他于1838年返回时，他所搭乘的船只“卢库勒斯”号（Lucullus）撞上了礁石，在法国海岸拉罗谢尔（La Rochelle）沉没，他的梦想也随之化为了泡影。朱尔幸运地游上了岸，得以逃生。现在他又如何能依靠博物学谋生呢?他试着寻找机会返回好望角并在那里的小博物馆工作，与此同时也在巴黎自然博物馆求职；有一阵子他在父兄的标本业务中帮忙。1842 年他时来运转，被巴黎自然博物馆任命为“旅行博物学家”，在塔斯马尼亚岛（Tasmania）和澳大利亚进行为期 5 年的采集。维勒成功地丰富了博物馆的藏品，同时也极大扩展了他自己的博物学知识。在寻找新物种、采集稀有标本的同时，他也有机会在野外观察并记录动物的行为。

再次归来后——这次带着他完整的收藏—— 他依靠后来获得极大成功的维勒公司（Maison Verreaux）养活自己，该公司出售标本给藏家，并为展览准备标本。最终，他在巴黎自然博物馆获得了一个微不足道的职位，工作是制造引人注目的动物剥制标本（它们中有许多后来被纽约的美国自然博物馆收购；见第七章）。当维勒于 1873 年去世时，欧洲的顶尖博物学家们都为失去了一位鸟类学权威而哀悼。遗憾的是，维勒的知识几乎都未发表，因为他大部分时间都在为生计奔波，几乎没有时间寻求发表。

在 19 世纪初期，博物学领域能提供的稳定职业机会仍然零零散散，不过发现更多地球丰富性的诱惑并没有减少。海军远征可能开辟了最令人兴奋、最能激励博物学家们的通道。詹姆斯·库克船长（James Cook）在 1768 年至 1778 年间分别前往太平洋、南极洲和北极地区的三次航行证明了大型探险的科学价值。库克的主要目标与天文学和地理学相关：观察金星凌日、寻找传说中连接大西洋与太平洋的西北航道，并使英帝国在南半球立足。不过他收到的指令还包括了报告他所遇到的自然产品，尤其是那些可能有商业价值的。前两次航行都有经验丰富的博物学家随行，其中包括约瑟夫·班克斯（Joseph Banks）——一位热情的博物学家，后来成为伦敦皇家学会的主席——和林奈的两个学生，他们返回时都带回了大量的标本。在悲剧的第三次航行中，库克在发现夏威夷岛后丧生。不过多亏了一位随船医生，这次航行也带回了大量装满博物学宝藏的箱子，尽管库克未能活着回到英国。

在拿破仑战争结束之前，法国政府就组织了几次有着特定科学目标的大型探险，网罗了大量的藏品。从1800年到1804年，尼古拉·博丹（Nicolas Baudin）带领船只"地理"号（Géographie）和"自然"号（Naturaliste）前往澳大利亚，他带回的博物学藏品是19世纪初最令人印象深刻的藏品系列之一（仅鸟类就有144种）。

在19世纪上半叶，有博物学家或对博物学有兴趣的医生随行，成为海军探险的一个共同特征。许多后来声名鹊起的博物学家，比如查尔斯·达尔文（Charles Darwin）和托马斯·亨利·赫胥黎（Thomas Henry Huxley），都是在这些航行中获得了他们的第一笔丰富经验。富裕的业余爱好者也派遣采集员。德意志亲王维德–新维德的亚历山大·菲利普·马克西米利安（Alexander Philip Maximilian of Wied–Neuwied）亲自进行了探险，于1815年至1817年间访问了巴西，并在19世纪30年代访问了北美。

考虑到公众对异域标本的巨大兴趣，有进取心的博物学家可以怀着售卖他们藏品的希望旅行。就在马克西米利安亲王访问巴西时，威廉·斯文森（William Swainson）也在巴西进行采集，他有一笔数额不大的军队养老金供他进行旅行，还有一些可以让他享受不对外开放的政府招待的介绍信。像朱尔·维勒一样，斯文森的经历反映了他们所拥有的新机会，但同时也反映了19世纪这些有抱负的博物学家所面临的困难。斯文森对博物学的热情源于他在利物浦的童年。他的父亲是一个海关官员，收集昆虫和贝壳，并且鼓励他儿子在这方面的兴趣。当地的博物馆赏识他的才能，在1808年时，请他出版一本论标本采集和保存的小册子。不过一个财产不多的年轻人如何才能养活自己呢？通过他父亲的关系，他在军队获得了一个允许他去地中海的职位。在那里，闲暇时他观察并采集各种各样的当地植物和动物。后来他半薪退休，打算全身心投入到博物学中去。

1816年的一次好运给了斯文森前往巴西的机会，在那里他精力充沛地收集了一批数量惊人的鸟类标本和其他标本。他计划通过发表一本带有标本描述的旅行游记来确立自己的声望。他相当成功，作品吸引了科学共同体的注意；伦敦皇家学会选他为会员，并且他与当时的许多顶尖博物学家保持着积极的通信。

不过，声望并不能保证一份稳定的收入。为了养活自己，斯文森试着出版带有插图的博物学书籍。作为第一批接触到新兴的平版印刷术的博物学家之一，他完成了一些极其漂亮的作品。首先是他的三卷本《插图动物学》(*Zoological Illustrations*，1820~1823)，书中的插图极富艺术感地描绘了贝壳、昆虫和鸟类。不过他的收入仍然不稳定，也不够用，尤其是对一个要养家糊口且时有灾难性失败投资的人来说。他想谋到大英博物馆的某个空缺职位，为此动用了他所有的科学界关系，但没有成功。董事会任命了某个有着恰当社会关系的人，但斯文森认为那人并不够格。恼怒之下，他卖掉了他的博物学藏品（包括3000个鸟类标本），于1840年离开英格兰，移民新西兰。他在那里建立了一个农场，放弃了博物学家这一职业。

像维勒一样，斯文森的生活例证了许多早期博物学家所面临的诱惑和困难。更重要的是，斯文森和维勒代表了19世纪早期的那批采集者，他们雄心勃勃地在全球尺度上构建博物学，并将新的艺术技巧和采集技能带到了他们的工作中。

新收藏

欧洲扩张为那些迫切地想获得地球各处植物和动物的博物学家创造了机会。所收获之物的规模、质量和多样性使得一种新的博物学收藏成为可能。直到18世纪90年代末，大部分博物学收藏都属于时尚界，很少能达到可观的规模，只有少数明显例外。布丰的雄心驱动着巴黎的皇家收藏发展成一个主要的研究中心和法国探险成果的贮藏库。法国大革命威胁到所有与皇家相关的机构，也包括皇家花园。不过，多亏了花园支持者们的政治技巧，革命政府于1793年接受了一个计划，呼吁将巴黎的皇家花园重组为国家自然博物馆。新成立的公共自然博物馆存放着原有的皇家收藏和各种各样因革命而逃亡的贵族的私人收藏。同样重要的是，博物馆提供了由顶尖博物学家们担任的专业职位，并且有受过良好训练的职员充当他们的助手，准备标本、绘制插图，并照料庞大的植物园。

国家自然博物馆的成功使巴黎在接下来几十年都是博物学的中心。它成为欧洲和其他地区新建立的公共和半公共博物馆的榜样。只有荷兰的博物馆勉强可以与法国的相媲美。昆拉德·雅各·特明克（Coenraad Jacob Temminck），一位极受尊敬的鸟类学家，设想了一家将结合他的私人收藏（19世纪初期最大的收藏之一）、大学收藏和皇家收藏的荷兰帝国博物馆。1820 年，荷兰政府在莱顿（Leiden）建立了国立自然博物馆（Rijksmuseum van Natuurlijke Historie），特明克担任它的第一任馆长。与巴黎博物馆相似，它是政府资助的博物学委员会（Natuurkundige Commissie）的贮藏库，该项目派遣受过训练的采集者前往东印度群岛进行采集。

像莱顿这种收藏融合的趋势，在其他许多地方也很明显。在这个世纪随后的时间里，一种普遍的联合发生了，从而产生了伟大的国家博物学收藏，这些地方都有受过良好训练的职员。这些藏品是用于研究的，不过博物馆也向公众开放了它们丰富藏品中的一部分。新的或复兴的大学收藏和私人收藏成为了这些宏大的城市收藏的补充。到 19 世纪 50 年代，即使在当时相对遥远的地区——比如马萨诸塞州坎布里奇的哈佛大学——的博物学家们都渴望建立重要的收藏。

对博物学家的资助

在 18 世纪中期，研究博物学的人数少得足以让任何严肃的博物学家与每一个有相似思想的人多多少少有通信。到了 19 世纪 30 年代——更不用说到 50 年代了——博物学家的数量已经如此之多，以至于这样的通信联系不再可行。这种改变部分是由于博物学收藏及相应管理者数目的增多。地方学会建立了难以计数的博物馆，其中许多后来被市政府接管。这些机构，与正在发展中的国家收藏和大学博物馆一道，提供了雇用标本管理者的可能性。另一个雇用来源是提供博物学标本的私人公司，比如维勒公司。并且，正如之前描述过的那样，威廉·斯文森这

THE PENNY MAGAZINE
OF THE
Society for the Diffusion of Useful Knowledge.
244.] PUBLISHED EVERY SATURDAY. [January 23, 1836.
THE BETEL-NUT TREE.

流行博物学

博物学在维多利亚时代的通俗文学和大众出版市场中有着重要地位。作者们利用自然故事来对读者进行道德、社会行为和虔诚方面的教育。出版公司和慈善组织印刷了成千上万本廉价的小册子。此外，通俗历史也成为流行杂志的标准主题。有关动植物的书和文章起着教育大众的作用，提升了他们的文化水平，并且还鼓励精神上的进步。

《传播有用知识学会的一分钱杂志》(*The Penny Magazine of the Society for the Diffusion of Useful Knowledge*) 创办于1832年，这份周刊的第一期就刊登了介绍伦敦动物园动物的文章，之后继续定期刊载有关博物学的文章。

■ 这幅异域槟榔树图很好地表现了19世纪的流行文学，它拥有大量的读者，致力于传播知识——无论有没有用——并满足大众对遥远且不同寻常的事物的好奇心。

样的个人还有机会前往异域采集，希冀能将标本售卖给国家、地方或者私人藏馆。

其他资助通道在许多欧洲国家中变得重要。维多利亚时代鼓励“自我进步”，许多地方学会都试图方便受教育少的公民学习。人们相信博物学知识在启迪“劳动人民”中有重要作用，这一点从《传播有用知识学会的一分钱杂志》或类似出版物中可见一斑，这些出版物在公众之间广泛传播。这样，一个有上进心的博物学家会发现，他越来越有可能通过撰写受欢迎的博物学书籍来获得某些经济支持。尽管这类作品中有许多都不过是泛泛之作，但还是有作者承担起教育公众的严肃职责，为普通读者写出了有思想的科学文章和书籍。

19世纪初印刷业的革命后来证明对大众博物学书籍的发展至关重要。印刷物制造商们充分利用了这些创新，比如用机器上循环网造纸代替了手工一张张造纸、利用蒸汽驱动印刷机、用布面装订书籍等。这些变革极大地减少了出版的费用，对当时印刷业的急剧扩张做出了贡献。

对博物学书籍出版来说，平版印刷术的发明是另一重要进展，这不仅仅是因为其费用相对低廉，而且也因为它使印刷更精确。在这种印刷技艺中，博物学家们直接在特制的平整石块上作画，然后利用其上的墨水印记来印刷。这样他们就不用依赖雕刻工人；之前工人们受雇将博物学家们的画作复制到金属板上，其过程常常伴随着重要科学信息的缺失。印刷术的这些改变在大众博物学书籍的发展中非常重要。这些书籍有助于提升公众的品味，并为那些从事博物学书籍和艺术生产的人提供了机会。

“奢华型”博物学书籍更是受益于公众的兴趣和新的印刷技术。市场需要使得一些宏卷巨著成为可能，比如约翰·詹姆斯·奥杜邦（John James Audubon）的《美国鸟类》（*The Birds of America*，1827~1838）和约翰·古尔德（John Gould）关于鸟类与哺乳动物的45卷著作。

奥杜邦和古尔德创作了一些有史以来最伟大的插图博物学书籍。约翰·詹姆斯·奥杜邦是一个法国海军军官的私生子。他在成长为一名艺术家前做过各种各样的工作，从在肯塔基以抽取佣金的方式经营猪肉和面粉，到在辛辛那提制作鸟类标本等。奥杜邦会射杀鸟类以充当他的绘画模特，在此之前他常常仔细观察它们的栖息地和行为。这些知识，加上他总是在画之前才杀死标本以捕捉尚未消退的颜色，使得他的画作有更多的精确性和科学价值。观察并描绘新鲜标本的欲望，驱使着奥杜邦在河谷、五大湖区和南部河流广泛地漫游。

尽管基本上是自学成才，但奥杜邦的画作有着特别的、浪漫的风格。他那些引人注目的鸟类画作吸引了一些顶尖的英国雕刻师进行一项雄心勃勃的工程，即通过订购的方式出版一批大尺寸的、可以被装订为一个系列的美国鸟类插图。出版一个系列可将一项工作的花费分散到数年中，并且也允许用更长的时间去招揽订购者。通常两百个订购者就足以资助这些令人印象深刻的工程中的一项。

英国最伟大的雕刻师小罗伯特·哈维尔（Robert Havell Jr.），制作了《美国鸟类》中的大部分彩色版画。在奥杜邦这部“双象版”[1]的书中，纸张的大尺寸使鸟类能够以真实尺寸被呈现。这本书于1838年在伦敦完成，包括435幅版画，共刻画了1065种鸟类，总价1000美元。奥杜邦

1. “双象版”（double elephant folio）指该书所用纸张巨大，大约100cm × 75cm。——译注

在美国以较小的版式重新发行了这本书（定价100美元）带有文字的版本，并且以不那么昂贵的平版画代替了花费较多的雕版画。这些书很快就被商人们当作了底本，他们会将整本书撕开，然后用一种手工着色的平版印刷术复制奥杜邦的画。直到今天，二手书店和印刷所仍然将这些画当作高档的装饰品售卖。

约翰·古尔德，尽管作为艺术家不像奥杜邦那样造诣深厚，但在创作高质量的博物学插图书籍方面仍然可与他匹敌。古尔德用他的组织能力和良好的判断力（选择那些能将他粗糙的绘画经由水彩画转化为平版画的艺术家）弥补了他在艺术才能上的缺陷。如同维勒一样，古尔德以填充动物标本开始他的职业生涯；不过，与海峡对岸那位失意沮丧的同行不同，他从伦敦动物学学会（Zoological Society of London）的动物标本剥制师转变为英国生命科学共同体中的一位重要人物。他的成功依赖于雄心勃勃的出版事业，这项冒险将他的商业智慧和多位艺术家及科学家的技能结合起来。

古尔德从一系列来自印度的稀有鸟类开始，他先画出草图，然后他的妻子再依次生产平版画。在提供精确的鸟类科学描述方面，他获得了动物学学会秘书的帮助。由于他找不到任何出版商愿意冒险出版一位无名作者所创作的昂贵的鸟类插图书籍，古尔德亲自承担了出版工作，并获得了相当大的成功。他的第一部作品，《百年鸟类集》（*A Century of Birds*），于1831年到1832年间分20个月刊出版，包括了80幅大型的、手工着色的平版画，以真实尺寸刻画了102种鸟类。订购者达到335位，超过了赢利所需的数量；他比那几位更知名的竞争者更成功。

古尔德早期的成功很大程度上归功于他的妻子伊丽莎白（Elizabeth），

后者持续为“古尔德的鸟类插图”准备美丽的平版画，直到1841年早逝，年仅37岁。在她死后，古尔德与其他艺术家合作进行了一组项目，使他声名大震，被认为是最伟大的鸟类插图书籍作者之一。他对什么可以取悦大众有良好的判断力，并且有着精明的商业头脑。比如，1849年时，他开始出版他最成功的项目之一：分成25个部分、共360幅图画的蜂鸟插图书，《蜂鸟科》(*Monograph of Trochilidae*)。精美的插图利用涂上透明油画颜料的金箔重现了这种鸟类羽毛上的闪亮颜色。当插图还在生产中时，古尔德举行了一次大型的蜂鸟标本展示会，在动物学学会收费展出。这次展览会的众多观众不但使他获得了一笔可观的利润，而且还带来了额外的订购者。他最有名的作品可能是《大不列颠鸟类》(*Birds of Great Britain*)，于1862年至1873年间出版，也分成了25个部分。它与奥杜邦的《美国鸟类》一道，构成了博物学插图书籍的一个高峰。

科学学科的专业化

尽管19世纪数量激增的博物学著作中有一些是为大众而作，但其中还有许多是为少数读者准备的。出版费用的降低使得博物学家们能够比较容易地传播他们的新研究。随着更多的人参与到博物学中，且可用于研究的收藏极大增加，一些全新的书籍类型出现了。其中最重要的、获得广泛应用的是就某一主题提供广泛研究的专著(现代著作格式中最标准的)。由于它们的吸引力天生有限，若没有低廉的印刷使其价格变得实惠，它们本不会成为一种基本的科学工具。同样地，印刷费用的降低也使得专业化的科学杂志在经济上变得可行。比如致力于动物研究的

《动物学杂志》(*Zoological Journal*) 就属于同类杂志中最早创办的一批。杂志文章是博物学中一种比较快的交流方式，给博物学家们提供了一个讨论专业化课题的论坛。

博物学研究的迅速增长既改变了文献的性质，也以其他方式改变了这个领域自身。专著和文章明显越来越专业化，分类问题被限制在有限的主题上，比如一个科的鸟类或一个属的植物，并导致了更严格的分析标准。文献主题的收缩反映了研究的全面专业化。到 19 世纪中期时，博物学已经分裂成为几个独立的科学学科，并进一步分成了分支学科。第一次分裂的结果是动物学、植物学和地理学。这些一般领域很快又让位给更专业的分支。在这些新生命科学学科中，学者们所做出的研究选择界定了各自的特殊学科。因此，那些研究鸟类、苔藓或鱼类的人分别创建了鸟类学、苔藓植物学或鱼类学。不久，即便这些分类也太宽泛而无法描述那些博物学家的研究，于是更加专业的子领域出现了。

博物学中的分化使得专业化杂志和学会出现。希望以博物学为职业的人寻求进入一个狭窄的领域，在其中他们能够证明他们的分析严格度，并掌握不断增长的经验信息。当时一位重要的博物学家，伦纳德·杰宁斯牧师(Reverend Leonard Jenyns)，在给那些有兴趣从事博物学的人提建议时，这样写道："我们建议那些真想推动(博物学)进步的人……将他们的主要注意力限制在某些特定的门类，并且在可行的时候限定在那些研究最少的特定群中。"[*] 随着前往巴西等地的探险队带回成千上万种标本——常常一个单一的类群里就有上百个新物种，例如蚂

* Rev. Leonard Jenyns, "Some Remarks on the Study of Zoology, and on the Present State of the Science," *Magazine of Zoology and Botany* 1 (1837): 26.

蜂鸟屋

蜂鸟以一种少见于其他动物的方式令19世纪的公众着迷。它们的轻巧和类似于昆虫的翅膀振动，再加上许多种类的蜂鸟羽毛都有着闪亮的色彩，使它们成为艺术家的宠儿。动物标本制作师们也乐于用多种蜂鸟准备令人瞩目的展览。许多维多利亚时代的家庭都有蜂鸟标本，蜂鸟绘画也装饰了许多客厅。这幅图描绘的是约翰·古尔德在伦敦动物学学会举办的著名蜂鸟展览，反映了公众对这些鸟类的着迷和它们的商业潜力。

■ 图片来自“Mr. Gould' s Collection of Humming-Birds in the Zoological Gardens, Regent' s Park,” *The Illustrated London News* 20, no. 563（12 June 1852）: 457-458.

蚁——对专业化的需要就是理所当然的了。

不过，并非所有博物学领域都从这种专业化的推动中获益。在18世纪末19世纪初完成的一些最好的工作未能吸引许多追随者。或许最突出的例子可以从弗里德里希·海因里希·亚历山大·冯·洪堡（Friedrich Heinrich Alexander von Humboldt）的遗产中看到。洪堡兴趣广泛，曾于1799年至1804年间穿越新世界的西班牙殖民地，在1829年花了6个月的时间前往西伯利亚探险，在他生命的最后几年中写作了5卷本的《宇宙》(*Cosmos*)，这是一部非凡的书，描绘了物理宇宙和我们关于其知识的历史。

尽管洪堡的著作影响了对我们星球的物理特性感兴趣的一代科学家，但它们对博物学的影响总体来说是间接的。洪堡迷人的写作风格激发了许多未来旅行者的想象，并且启发了查尔斯·达尔文、阿尔弗雷德·拉塞尔·华莱士（Alfred Russel Wallace）和托马斯·亨利·赫胥黎等人——这里提到的只是几位比较著名的人物，追随他的脚步的博物学家还有许多。

但在那些追随他的人当中，很少有人从他所提倡的研究自然的方法中受益——历史学家们现在将这种方法称为“洪堡式”（Humboldtian）。他的方法强调测量、视觉呈现，并强调寻找处理复杂关系的法则。无论他旅行到何处，他都测量温度、压力、磁力、湿度，进行化学分析，并寻找这些因素之间的关联。他记录植物的分布，并考察其与高度、温度和湿度的关系。

在他的《新大陆热带地区旅行记》(*Personal Narrative of Travels to the Equinoctial Regions of the New Continent*，1818~1829）一书中，洪堡承认分类对于博物学的重要性，但他也论证说，科学应当探索有机体的相互作用以及它们与环境的联系。仅仅命名、分类，无法揭示生物世界更深层次的真理。洪堡相信，只有通过考察我们今天称之为“生态”（“ecological”）（这个单词在他的时代并不存在）的问题，我们对自然的知识才不会仅仅停留在表面。在他那次广为人知、引起轰动的钦博拉索山（Chimborazo，这座山峰属于安第斯山脉，它比海平面高出两万英尺[1]，当时被认为是世界上最高的山）攀登中，洪堡注意到植被从山底的热带型，变化到较高地区的温带型，最后在接近山顶时是极地型。他后来绘制了一幅该山峰的插图，在其上标出不同的植被地带。洪堡特别强调定量测量和图形绘制，这促使一些田野博物学家、天文学家、地理学家和地质学家寻求新的、改进的仪器，以进行物理条件的测量。

对采集员和博物馆工作者而言，洪堡的建议所具有的实际价值有限。对他们而言，命名并整理越来越多的博物学标本中浮现的问题更加紧迫。尽管他们注意到动植物的地理分布，但他们几乎没有时间去考虑在他们看来与分类仅有很少关联的问题。

19 世纪初期的博物学家们可能对他们的研究范围有所限制，不过他们并未完全忽略更广泛的理论关切。他们对分类细节的专注引出了许多有趣的哲学问题和理论问题，这些问题吸引了专家们的注意和更多有识公众的关注。

1. 两万英尺约6100米。钦博拉索山海拔6268米。——译注

第三章

比较结构：
打开自然秩序的钥匙，1789~1848

在19世纪30年代的法国革命期间，著名德国作家约翰·沃尔夫冈·冯·歌德（Johann Wolfgang von Goethe）的一个朋友前往魏玛（Weimar）拜访他，打算与他讨论发生在巴黎的暴力。"喏，"朋友一进门歌德就大声说道，"你怎么看这次大事？火山已经爆发了，到处都在燃烧。""太可怕了。"朋友回答道，"不过在这种糟糕的情形和这样一个内阁下，除了皇室家庭被驱除外，还能指望其他什么结局呢？""我们似乎说的不是一回事，我的好朋友。"歌德回答说，"我不是在说那些人民，而是一些完全不同的事。我说的是对科学最重要的事，居维叶和若弗鲁瓦·圣提雷尔之间的争论，他们在科学院公开决裂了。"*

如同其他许多对博物学感兴趣的人一样，上了年纪的歌德发现更吸

* 引自Toby A. Appel, *The Cuvier-Geoffroy Debate: French Biology in the Decades before Darwin*（Oxford: Oxford University Press, 1987），1。

引他的是巴黎科学院（Paris Academy of Sciences）每周会议上越来越激烈的辩论，而不是抓住了大多数人注意力的激进政治运动。两位博物学家，乔治·居维叶（Georges Cuvier）和艾蒂安·若弗鲁瓦·圣提雷尔（Étienne Geoffroy Saint-Hilaire），对生物世界的解释相互矛盾。他们基于各自在巴黎自然博物馆所研究的材料得出了不同的观点。他们的分歧涉及两个问题。一是动物身体的基本构造：动物的形态是由它履行的功能决定的吗，还是形态反映了一种可通过比较解剖学（也就是，比较相关动物的结构）来理解的基本"设计"？另一个问题关乎（动物的）时间性变化：动物是否在长时期内经历了改变？由于这些问题涉及不同的社会、政治、宗教和智识含义，因而使得辩论很受关注。

比较解剖学

发生在比较解剖学领域的辩论所具有的意义超出了动物身体应当被如何理解这一问题。18 世纪末 19 世纪初的研究已经使博物学家们相信，比较解剖学可能掌握着确立一种自然分类体系并发现潜在的自然秩序的钥匙。系统性的结构比较——无论是结构的基本形式还是作为其结果的功能——被博物学家们看作是潜在的可靠基础，可以在其上建立一门学科，以解释已知的关于生物世界的大量细节。不过，居维叶和圣提雷尔对新比较解剖学有着相反的预想。

圣提雷尔于 1789 年法国大革命前夕以学生的身份抵达巴黎。他在首都留了下来，学习哲学、法律，接着是医学，但他发现他对科学有着巨大的热情，尤其是对晶体的研究。这在当时是一个很时髦的、很令人兴奋的课题。他开始动物学生涯完全是出于偶然（正如同当时许多科学职业一样）。1792年，圣提雷尔极为关切他的一位导师的命运；这位牧师被激进革命分子怀疑具有反革命情绪，于是被监禁，不过后来在圣提雷尔的努力下获释。出于感激，牧师动用他的影响力，使圣提雷尔在皇家花园获得了一个职位（一位博物学家出于政治原因离开了巴黎而使得该职位空缺）。尽管只有21岁并且缺乏该职位所需的资质，圣提雷尔还是被任命为动物学教授。

如同其他皇室机构一样，皇家花园面临着严重的威胁。国王不久前已被处死，统治力量带着相当大的敌意审视每一样与旧政权有关联的事物。不过，这所很受欢迎的花园免遭厄运；它于1793年被提议重组为国家自然博物馆（Muséum d'histoire naturelle）。在这里，圣提雷尔秉承布丰传统，力图发现适用于生物的普遍法则。他也帮助扩大了博物馆的收藏，于1798年陪同拿破仑远征埃及，收集的标本中包括有两三千年历史的动物木乃伊。他希望，这些材料或许可以回答物种是否随时间改变这个问题。

圣提雷尔相信揭示自然秩序的钥匙在于比较动物的结构。他声称，从他的比较解剖学研究中可以辨识出所有脊椎动物共享的一种普遍设计。在他的《解剖学的哲学》（*Philosophie anatomique*，1818）一书中，他详细阐述了他的"构造统一"概念，即存在一种基本设计，从中可以导出所有的具体脊椎动物。根据这一观点，动物的骨架和器官共享着一套独立于其功能的结构一致性。他的理论获得了额外的支持，当时他的一位追随者，安托万·艾蒂安·雷诺·奥古斯丁·塞尔（Antoine Étienne Reynaud Augustin Serres），表明利用胚胎而非各个成年阶段，可以在之

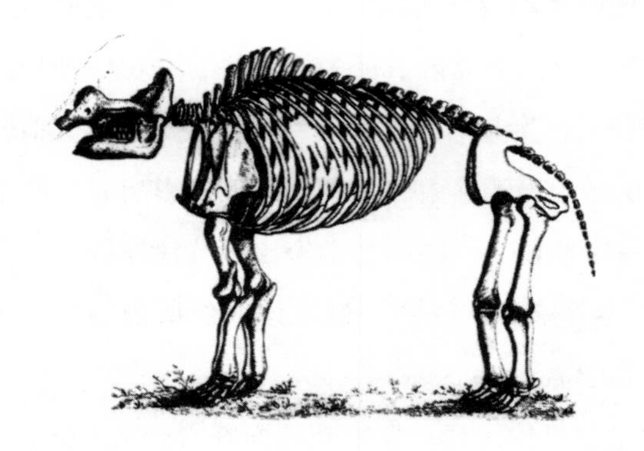

重构过去

诸如乔治·居维叶这样的比较解剖学家所做的化石重构工作，激起了19世纪公众的兴奋和好奇。史前动物展览吸引了成千上万名游客来到自然博物馆，就像今天的恐龙展可以保证现代生命科学博物馆有大量观众一样。居维叶开创了古生物学，他在巴黎自然博物馆所进行的才华横溢的重构推进了这一新学科的普及。大型史前动物尤其抓住了公众的想象力。居维叶将这些大象、河马和其他动物的遗骸与现代物种的标本相比较，证明了它们是已灭绝的不同物种：曾经存在于过去的、完全陌生的世界的物种。

居维叶利用比较解剖学的方法进行重构，他在化石上取得的成功进一步确立了这一学科的声誉；它被认为是解开自然之谜的钥匙。居维叶最著名的重构之一是美洲化石乳齿象（*Mastodon*）。

■ 图片来自 Georges Cuvier, *Recherches sur les ossemens fossiles de quadrepèdes*（Paris: Deterville, 1812）, pl. 5.

前研究者未发现相似性的地方建立相关动物中的一致性。依照这种观点，胚胎的发展，“重演了”或者说重复了一系列动物结构变革中从简单到复杂的进化阶段。“较高等”动物从一种简单的状态开始它们的发育，依次经历逐渐复杂的阶段，直至成熟。“较低等”动物的发育并未超过简单阶段，即使是其成体。

圣提雷尔扩展了他的统一设计的思想，将整个动物界都囊括进来。他总结说，在这个星球的地质历史上，曾经有一系列连续变化。同时也在研究博物馆收藏的让·巴普提斯特·皮埃尔·安托万·德·莫奈·德·拉马克（Jean Baptiste Pierre Antoine de Monet de Lamarck）同意这一观点。拉马克研究贝壳化石，如同圣提雷尔一样，他的研究使他接受物种变化的观点。拉马克相信有两个因素推动了物种改变：动物积极地适应环境中的变化，和在动物中普遍存在的一种进步力量推动它们在连续世代中达到更高的组织水平。对圣提雷尔和拉马克大部分的巴黎科学同伴来说，这些进化著作看起来推测性太强，并没有被充分证实。因此这些著作在巴黎和其他地方仅获得了有限的接受。

这样，在圣提雷尔看来，解剖学的发展强调形态而非功能。像布丰一样，圣提雷尔是在一个不断变化的历史框架中看待动物的。他在博物馆的同事居维叶却得出了不同的结论。居维叶在紧邻瑞士的法国边境长大，在斯图加特（Stuttgart）接受教育。尽管他对博物学有很强的兴趣（部分源于阅读布丰的著作），但他希望可以在符腾堡（Württemburg）的政府管理机构中获得一个职位。当这个希望落空后，他在诺曼底当家庭教师以养活自己。这一职位给他提供了一些时间研究博物学。很快他的目标变了，他开始寻求以博物学为业。他与巴黎的各位科学精英通信，并于1795年来到首都。在那里他与圣提雷尔合作，后者帮助他获得了巴黎自然博物馆的一个职位。然而，这两位博物学家很快就分道扬镳，无论在职业上还是在私人关系上。

居维叶像圣提雷尔一样设想发现控制生物世界的法则，并且他也相信比较动物的结构将揭示这些法则。但对居维叶来说，对结构的理解需要植根于对某个特定结构在整个动物机体中所扮演角色的考虑，也就是在其功能中的作用，而不是只关注纯粹形态。他宣称，一个有机体就是一个**功能单元**，其结构由它与整体环境或者说它的“生存条件”的关系所决定。他所谓的“功能单元”是指，所有的器官在功能上都相互关联并且协同运作——它们不会独自不同于整个体系，因为某个器官的变异将会使得它无法与其他器官合作发挥作用。居维叶称这种宽泛的器官的功能性相互依存观为“部分的相互关联”（correlation of parts）。在居维叶看来，动物身体展现了复杂的整合，以及与周围环境的准确协调。

居维叶相信通过比较解剖学他可以阐明自然中的秩序。他对成百上千种不同动物构造的广泛研究使他得出了不同的概括。他断定，正如一个物种的所有个体都共享了一种基本的功能性设计一样，较高阶的群体如属、科等也共享了一种基本设计。所有这些设计，或者他所称的“类型”，可以被精确地描述。居维叶认为他可以将所有的类型组织成一个等级体系。他在他的一部综合性著作《动物界，根据其组织划分，以作为动物博物学和比较解剖学导论的基础》（*Animal Kingdom, Divided According to Its Organization in Order to Serve as a Foundation for the Natural History of Animals and for an Introduction to Comparative Anatomy*, 简称《动物界》，1817，1829~1830 修订）中描述了这个体系。在此之前的大部分分类都是将动物排列在一个从最简单到最复杂的单一连续体系中，而居维叶的体系则将动物界划分为四个不同的分区，彼此之间没有任何中间环节——并且没有任何暗示说四组之间存在等级。当时的博物学家们欢迎这一分类，因为它基于比较解剖学且相对完善。居维叶大量利用了巴黎的标本收藏以发展他的体系，《动物界》反映了这一点。

居维叶不但将他从比较解剖学中得出的概括应用于活的有机体，而且也将其应用于化石。的确，他对过去生物的重构尤其抓住了公众的想象力。按照居维叶的理论，给定一个单一的重要器官后，研究者就可以重构整个动物并描述它所生活的环境。居维叶仅依据部分骨架完成的化石动物重构展示了杰出的古生物学假说，显示了比较解剖学的力量。这些重构化石有许多仍在巴黎博物馆展出。

居维叶并没有从对古生物学和地质学记录的考察中得出与布丰或圣提雷尔相同的启示。又怎么会相同呢？他的比较解剖学揭示了复杂的、综合的整体，对它们的任何一点改变似乎都会扰乱它们的功能。他的分类反映了一幅静止的自然画面。对居维叶来说，化石记录的并不是当代动物的祖先的历史，而是呈现了一幅相继灭绝的历史画面（最近的动植物残骸除外）。为了解释化石记录的出现，居维叶描述了地质历史中的大灾难，它们改变了地球的广阔区域，带来了大规模的迁徙和大规模的灭绝。他的著作被广泛阅读，他的观点不仅影响了博物学家对化石的看法，而且也影响了国际地质学共同体关于地球历史的看法。

居维叶的动物学对博物学产生了极大的影响。它将林奈的囊括性分类与布丰对自然秩序潜在法则的追求结合了起来。居维叶所提供的生物世界图景，既能给人以知识层面的满足，也具有科学上的严格性。较之于他那些在政治上不那么机敏的同事，居维叶与各机构之间的联系——他是法兰西学会（Institut de France，法国科学院在大革命之后的新名称和组织）第一等级（première classe）的永久秘书，是法兰西学院（Collège de France）的教授，等等——使他的观点在法国有更广泛的受众和更大的权威性。法国科学的集中特性保证了他的观点在整个国家广泛传播。不过他的威望远远超出了法国，因为在 19 世纪上半叶，巴黎仍是博物学的国际枢纽，这样，居维叶的观点在整个西方科学界获得了传播。

这些思想的影响强化了这一观点：比较解剖学掌握着理解生物的钥匙。居维叶的静止观直截了当地排除了任何进化解释的可能，并且将精力集中于博物馆标本收藏而非田野研究上。他和他的同时代人认为他的科学与生命起源的宗教解释高度相容。宗教意味、居维叶保守政治关系的力量和法国科学精英的集中化加强了人们对著名的居维叶—圣提雷尔辩论的兴趣。尽管圣提雷尔在巴黎博物馆有一个教授职位，但他缺少居维叶所拥有的庇护和政治纽带。那些由于持有激进的政治观点或者非正统科学观点而被边缘化的博物学家，在这场辩论中看到了保守的特权阶级与更进步的观点之间的竞争。社会偏见和政治倾向在确定意见上很重要，因为这个问题无法通过诉诸观察来解决：冲突的焦点在于如何**解释**事实。

胚胎学

在他们开创性的解剖学研究中，居维叶和圣提雷尔并不是独行者。在 19 世纪的最初几十年，巴黎、德国和英国的其他人极大拓展了动物形态的知识。大部分的研究都聚焦于成年的动物，不过有些人转向了一个新的领域：考察胚胎发育，也就是出生之前生命的形成和发育阶段。对胚胎解剖的研究在比较解剖学中开辟了新的道路，具有重要意义。

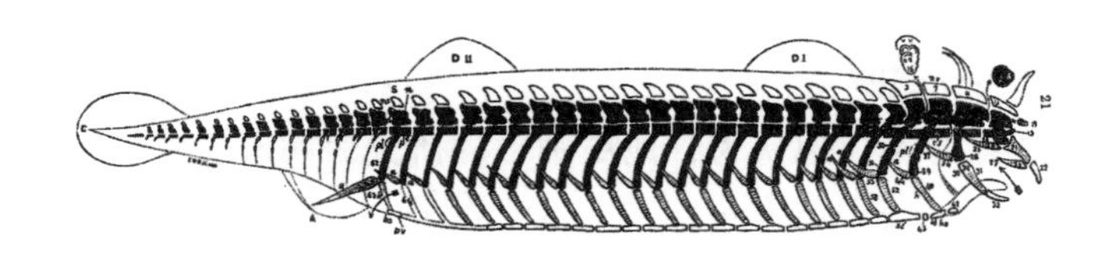

欧文的原型

19 世纪的许多比较解剖学家相信，动物身体是依照一种基本设计来构造的。乔治·居维叶根据他的解剖学研究出色地描述了成百上千个物种所共享的“设计”。居维叶还认为，可以为动物群如脊椎动物勾勒出更一般的设计。英国、法国和德国的生命科学家们致力于揭示动物群的潜在设计。

由于与人类解剖学的相关性，脊椎动物的设计尤其令人着迷。理查德·欧文（Richard Owen）在《论脊椎动物骨骼的原型和同源性》（*On the Archetype and Homologies of the Vertebrate Skeleton*，1848）一书中描述了脊椎动物的设计（即图中所显示的原型），给许多同时代人留下了深刻印象。欧文假设，脊椎动物的骨骼，用最简单的话来说，可以理解为一系列理想单元。这些单元在不同的脊椎动物中高度特化。根据这种观点，颅骨源于几个特化单元的融合，四肢则仅仅是改良后的单元拱形区。

■ 图片来自 Richard Owen, *On the Anatomy of Vertebrates*（London: Longmans, Green, and Co., 1866）。

卡尔·恩斯特·冯·贝尔（Karl Ernst von Baer）来自爱沙尼亚，德裔，他在圣彼得堡度过了大部分的科学生涯。他在胚胎学这一门科学的建立中起到了重要作用。在他的经典之作《生命发展史》（*History of the Evolution of Life*，1828，三卷中的第一卷）中，他详细描述了鸡的胚胎发育，并对脊椎动物胚胎的形成进行了一系列概括性的反思。他相信胚胎的本性会指引它朝着某个特定的目标或形态发育。冯·贝尔扩展了早期作者们关于发育经由三胚层（也就是细胞层，现在被称作外胚层、内胚层和中胚层，大部分动物结构都源于此）的分化而进行的观念。

冯·贝尔考察动物之间可由胚胎学研究获得的关系。他批评圣提雷尔的追随者塞尔，和其他接受较高等动物在发育过程中重演较低等动物阶段这一观点的人。他认为，他更细致的研究表明了一种完全不同的模式。他的研究所揭示的并不是一个单一的从简单到复杂的连续统一体（常常被称作存在之链），而是表明动物界展现出四种基本的组织类型。

冯·贝尔的四种组织类型大致对应于居维叶的动物界分支，他对动物四分法的独立确证极大加强了对这种划分有效性的信心。此外，冯·贝尔还宣称他可以在个体发育的早期阶段检测出类型。这样，所有脊椎动物的早期阶段享有一个共同的形态（解剖结构），从那里它们分化展现出各自所属的特定群的特征。更一般的分类群特征常常出现在更具体组群的特征之前。

冯·贝尔的这一观点，即发育通过分化从一般向特定物种进行，很快就被博物学家们扩大了适用范围，他们声称胚胎学可以帮助解决分类中的疑难问题。在确定两个共享许多成年特征的生物的分类学相近性时，博物学家可以通过研究两者的胚胎来寻找同源的证据——也就是，相似的器官从同样的胚胎部分发育而来。根据冯·贝尔的观点，既然同源只能存在于同一类型中，那么它们的出现或缺失将决定成体的相似性究竟是源于共同的类型，还是仅仅是表面上的相似。这样，动物分类就获得了一个理解生物并对其进行分类的强有力工具。胚胎学很快吸引了那些对传统博物学问题感兴趣的人。对许多人来说，胚胎学代表了自然法则研究中的前沿地带。

居维叶、圣提雷尔和冯·贝尔在比较解剖学上的杰出成就使许多人相信这一领域的重要性。在 19 世纪中叶，见多识广的观察者们认为著名的英国比较解剖学家理查德·欧文是最有可能将比较解剖学领域的知识综合为一个统一体系的人。欧文的职业生涯始于皇家外科医学院（Royal College of Surgeons）的博物馆，也就是亨特博物馆（Hunterian Museum），他曾在那里担任馆长。就比较解剖学而言，这座博物馆鲜有对手——它收藏有大量的骨架、标本，以及人类和其他动物的解剖模型。29年后，欧文离开亨特博物馆，成为大英博物馆博物学藏品的主管。在那里他成功地领导了一次运动，为迅速扩大的收藏建立了独立的博物馆（参见第七章），并出任这个新的大英自然博物馆的馆长。欧文因他举办的博物学展览和为“可怕的蜥蜴”——也就是恐龙——命名而博得了公众的好评。

在职业生涯之初欧文接纳了居维叶式的视角，论证说动物的形态应从其器官的功能方面来理解。但后来他改变了观点，认为比较解剖学可以在不提及功能的情况下揭示对纯粹形态的理解。在他最著名的《论脊椎动物骨骼的原型和同源性》一书中，他描述了脊椎动物的原型。欧文声称原型代表了所有脊椎动物的基本设计蓝图。解剖学家可以从现存最简单到最复杂的脊椎动物中识别出这种设计。相似地，欧文在化石记录中也识别出了这种设计：较深地层中的最早的脊椎动物拥有该设计的原始版本，在稍后的地层中该版本分化成较高级的形式。

欧文用高度概括的术语描述原型，这使得博物学家们能用各种方式阐释这一概念。一些人将其视为一种理想设计，是上帝思想中的一个蓝图，指导了脊椎动物的创造。还有一些人认为它是脊椎动物原始祖先的身体构造，后来的脊椎动物由此发展而来。欧文更青睐后一种观点，他相信后者受到化石记录的支持，尽管他无法详细说明是什么样的自然力量在这种构造的渐次展开中起了作用。

对欧文的原型的广泛而普遍的兴趣反映了19世纪上半叶比较解剖学在生命科学中的地位。如果对自然秩序的理解是可获得的，那么欧文似乎已准备好通过考察脊椎动物的解剖结构来获取。

在19世纪早期，博物学变得更加专业化、更加严格。博物馆的工作者们为大量的植物、动物命名并编写名录。居维叶和一代雄心勃勃的博物学家渴望通过比较解剖学揭示自然的秩序。不过正如居维叶—圣提雷尔辩论所证明的那样，他们并未就如何定性这一秩序轻易达成一致。19世纪中叶的许多人相信，在理解动物形态方面，理查德·欧文可能将比较解剖学带到了一个新的高度。博物学早已从那个时髦的沙龙世界中走了出来。像其他科学学科一样，它拥有一系列典型问题，有已获得接受的研究方法，并且标榜拥有经过认可的机构。著名博物学家获得了那些远离博物馆展览和田野采集员营地的人的注意。这门学科的规模、严肃性和资源将很快回报如此众多人的努力。

第四章

新工具与标准实践：1840~1859

一眼看过去，画像中的夏尔·吕西安·波拿巴（Charles Lucien Bonaparte）很容易被误认为是他那位著名的叔叔，拿破仑·波拿巴（Napoleon Bonaparte）。他们有着惊人的相似性，并且有许多共同之处。当然，从表面上看，两人有着天壤之别：一个是军事天才和著名的法兰西统治者，促进了19世纪欧洲的转型；另一个则是一位微不足道的意大利亲王，一生中的大部分时间都用于在博物馆中研究鸟类。不过两位波拿巴在他们各自的领域都如帝王一样统治，并且两人都代表了历史趋势。

两人的相处并不特别好。夏尔·吕西安·波拿巴与他那著名家族中的许多成员关系都很糟糕。问题在他出生后不久就出现了，当时他的父亲吕西安违背整个家族和他那位强有力的兄弟的意愿，娶了夏尔·吕西安的母亲（当时是他的情妇），而不是接受一桩更为合算的政治联姻。这样，吕西安使儿子的出生合法化了，却在家庭中制造了巨大的裂痕。

在教皇的保护下，这个男孩在罗马长大。夏尔·吕西安后来通过迎娶他的堂妹（拿破仑长兄约瑟夫的一个女儿）修复了部分家庭裂隙。这桩婚姻也给他带来了去美国旅行的机会，当时他的岳父正居住在离费城不远的新泽西，这位前西班牙国王在后拿破仑时代迁居美国。

夏尔·吕西安在罗马期间就对博物学产生了兴趣。来到美国后，他开始认真研究美国鸟类。与奥杜邦不同，波拿巴并未在野外钻研美国的博物学；相反，他将他的时间用于研究收藏标本，将费城博物馆当作他的根据地。后来，他参观了世界上的每一个重要藏馆，到临终时，他几乎为地球上的所有鸟类都编写了名录。波拿巴的成功代表了一系列博物学家的工作，他们促使由林奈和布丰开始的这项工程走向成熟。更重要的是，他所取得的博物学成就反映了重大技术问题和理论问题的解决：如何保存、展示标本，命名植物和动物并为其分类；如何为这些实践制订标准；以及如何总结博物学家们如此煞费苦心获得的知识。这些伟大的战役吸引了夏尔·吕西安·波拿巴这一代人。

分类与命名

从传统上说，博物学的目标一直是为地球上的生命和自然的产物命名、编写名录并建立秩序。到19世纪初，对矿物的研究已经足够专业化，它分化成为一门新学科，**地质学**。尽管博物学藏品中仍然包括矿物，并且博物学家们对地质学仍有着浓厚的兴趣，但研究矿物世界（或者说物理世界）与研究地球的生物之间的距离还是逐步扩大了。在公众的想象中，博物学越来越集中于“鸟和虫子”。鸟类学和昆虫学仍是博物学家们的重要研究领域，尽管它们像比较解剖学一样变成了独立的科学学科。科学家们和公众继续视“博物学”为研究自然界生物（或者就化石而言，是研究生物的遗骸）的共同事业。

不过如何解决有关命名、分类所有生物上的争议呢？1842 年，英国科学促进会（British Association for the Advancement of Science）任命了一个委员会评估动物学中的命名。这个委员会观察到，博物学家们在成群的动物命名上陷入了混乱，即使他们对其特征有一致意见。不同国家的博物学家以不同的名字称呼同一群动物。根据该委员会的报告：

> 后果是，所谓的科学联邦正一天天分裂成独立的国家，由于语言的多样性以及地理限制而保持分离。比如，如果一位英国动物学家与法国的教授一道参观博物馆并交谈，他会发现对他来说，对方的**科学**语言几乎如同其方言一样陌生。他考察的每一个标本几乎都被贴上了一个他不知道的名称，他感到他只有在这个国家长久住下去才能与该国的科学亲近起来。如果他之后继续前往德国或俄国，他会再一次迷失：每到一处都会因命名的混乱而不知所措。他只能在绝望中返回自己的国家和他熟悉的图书馆及书籍。*

博物学领域中严肃国际共同体的出现——交换标本或前去某个大型收藏标本所在地进行专题研究对他们来说已成为常规——促进了在

* “Report of a Committee Appointed ‘to Consider of the Rules by Which the Nomenclature of Zoology May be Established on a Uniform and Permanent Basis,’ ” *Report of the Twelfth Meeting of the British Association for the Advancement of Science* （1842）, 106–107.

一些基础问题上达成一致。英国的委员会建议的改革将为进一步达成一致提供了支持。这些改革包括使用最先被给予某一类群的名字（命名优先权）、使用林奈的双名法，以及将第12版的林奈的《自然的体系》作为名称引用的起点。报告还包括了一系列拼写法则和标准化命名的法则。这些表述清晰、构思严密的建议被动物学共同体积极接受，由此开始了国际合作的新时代。

植物命名相对于动物命名来说没有那么大的问题，因为在1753年时林奈已经出版了一份所有已知植物清单，被广泛接受，并且他还在《植物种志》（*Species Plantarum*）一书中为每一种植物起了双名。到了19世纪中后期，关于植物命名的国际协议《1867年巴黎准则》（*Paris Code of 1867*）正式接受林奈的《植物种志》作为植物命名的起点。动物学和植物学的国际会议也继续考察命名法中的问题，并且经常修订规则。

技术革新

动物标本剥制术、标本展览及运输和动植物插图在19世纪上半叶都经历了各自的变革。剥制术——也就是保存动物标本的方法——尽管对博物学很重要，但在18世纪一直都是个问题。没有可靠的保存方法，标本常常被昆虫吞食掉。皮蠹虫（也被称作"博物馆虫"）能在很短时间内将一整柜价值不菲的异域鸟类标本啃得只剩骨头，其速度之快常常令人措手不及。许多博物馆馆长用来遏制这一损害的办法常常会很不幸地破坏动物皮肤。布丰巨大的鸟类收藏中只有少数标本保存到今天，大部分都被为了控制害虫而错误使用的硫磺熏蒸法损坏。最终，在19世

自然领域的皇帝

拿破仑·波拿巴改变了欧洲的面貌，并在法国政治上留下了永久的痕迹。他的影响力远远超越了欧洲，波及美国、中东和俄罗斯。他的侄子夏尔·吕西安·波拿巴（图中人物，他与那位伟大的皇帝很相像），则追求政治之外的事业。在19世纪上半叶，夏尔·吕西安是最伟大的鸟类专家。不过他对博物学的很多方面都感兴趣。他与顶尖的博物学专家通信，并拜访世界上每一个重要的藏馆。他的兴趣还扩展到了科学的组织与制度。他在设立意大利科学大会（Italian Scientific Congress）中发挥了重要作用，并在暗中提拔、支持不那么富裕的博物学家。第一个建议路易斯·阿加西前往美国旅行的人是波拿巴，帮助奥杜邦发表美国鸟类著作的也是波拿巴。他留下的五十箱手稿反映了博物学方方面面的活动，目前这批手稿藏于巴黎自然博物馆。

■ 版画作者 J. H. Maguire（1849）；来自作者的收藏。

纪初期，巴黎博物馆的剥制师路易斯·杜夫雷斯纳（Louis Dufresne）发现，18世纪末开发的一种有毒的含砷肥皂可以在不损毁动物标本的同时避免昆虫靠近。他对这种杀虫剂的使用确保了他那些美丽的标本能一直展出。杜夫雷斯纳在他的著作中与其他人分享了这一专业技术。

杜夫雷斯纳的发现使剥制师们可以专注于鸟类和哺乳动物的艺术性展示。一些标本管理者会将标本收藏在抽屉中用于科学研究，不过大部分对公众开放的展览都包括了博物学标本。在查尔斯·威尔森·皮尔（Charles Willson Peale）那座位于费城的著名博物馆中——后来被称作费城博物馆，它对夏尔·吕西安·波拿巴的职业生涯早期至关重要——

展示柜的后面布置有风景画，不但制造了一种令人愉悦的背景，而且提供了各个动物栖息地的信息。在1851年伦敦的水晶宫博览会（Crystal Palace Exhibition）中，大量栩栩如生、令人印象深刻的剥制标本引起了一阵轰动。一只被猎犬攻击的野猪，袭击角鸮巢穴的臭鼬都是最受欢迎的展品。在英吉利海峡的另一边，在巴黎，有志继承夏尔·吕西安·波拿巴鸟类学的朱尔·维勒，大部分的职业生涯都用在了剥制术上。在1867年的世界博览会（Exposition Universelle）上，他用"被狮子攻击的阿拉伯信使"俘获了公众的想象。这一展品后来被纽约的美国自然博物馆收购，最后进入了匹兹堡的卡内基自然博物馆（Carnegie Museum of Natural History）。自上个世纪以来，它已激发了成千上万名小学生（包括小时候的我）对异域情调产生好奇心。

这些艺术性展览的成就高峰或许是自然博物馆中的实景模型——将摆好姿势的动物标本与自然景物安置在一起，通常以风景画作为背景。到19世纪末时，斯德哥尔摩和乌普萨拉的生物学博物馆将动植物安放在真实的背景中展览，令人仿佛置身于真实的自然生境中。尤其在美国，实景模型成为自然博物馆的重要组成部分，尤以纽约的美国自然博物馆和旧金山的加利福尼亚科学院（California Academy of Sciences）的布展最为著名。尽管这些展览并没有为博物馆研究做出直接贡献，但这些广受欢迎的大众展览有助于博物馆吸引重要的资助，以支撑机构的整体运转。

当然，博物学收藏不仅仅依赖保存标本的能力或者艺术性的布展。标本运输一直都很关键。在18世纪，博物学家出一次野外可能就是数年，他们采集的标本常常因害虫或船舶失事而受损。而到了19世纪，铁路、蒸汽船、运河系统、道路和港口建设都意味着有更多的人旅行，运输货物更便宜，且运输有可靠的时间表。这样标本收藏就大大受益于这种新的可靠性和效率。

19 世纪几个重要技术装置的发明进一步扩大了博物学的范围。纳撒尼尔·沃德（Nathaniel Ward）发明了水族箱（也就是，将水生动物养在有水、有植物的箱子中），并发现如何可以将活植物保存在密闭的玻璃箱中。这些“沃德箱”使植物在不浇水的情况下茁壮成长，并且还能隔绝那些对植物有害的有毒烟雾。事实证明这些箱子极其重要，可以为运输中的植物提供受保护的环境。盐雾和干旱不再威胁异域物种。沃德箱和水族箱受到了公众的喜爱，很快遍布了中上层阶级的会客室或客厅。将活的博物学标本带入日常生活也进一步扩大了已变得广泛的动植物书籍的受众面。

博物学还以一种完全不同的方式受益于枪炮的改进。标准火花—火石枪的特征是在射击之前会有闪光，这种闪光常常会惊动猎物，从而救它们一命，但却令猎人失望。而 19 世纪 20 年代出现的铜制火帽则消除了闪光，它装有火药，受到冲击后爆炸。事实上，冲击原理的发明者亚历山大·福赛斯牧师（Reverend Alexander Forsyth）声称他的研究（他为此取得了专利权）正是因为被闪光提醒的鸭子从他的枪口逃脱，让他很是泄气。火帽即使在潮湿的环境中也能起作用，包括下雨。

19 世纪中叶后，带有独立弹药仓、后膛装弹的猎枪（也就是装弹部位位于枪管之后的枪）提高了枪支的精准性和枪支使用者的安全性，不论它们是用于运动还是采集标本。这是一件好坏参半的事情，因为采集的增加，与正在发生的由于人口增长和经济扩张而引起的对栖息地的破坏一道，给一些物种带来了重大伤亡。曾经被普遍认为数量太多而不可能销声匿迹的旅鸽，到19世纪中叶时数量锐减。到19世纪末，鸟类观察家报告在野外已看不到旅鸽。保护物种的努力将野牛从濒临灭绝的状态拯救出来，而在此之前它们的数量下降到不足1000只。现代那种对环境的敏感在19世纪几乎不存在。博物学家们定期搜寻稀有鸟类的巢穴，以期将它们全部制成标本，也就是说，他们的目标是在这些物种灭绝之前拿到标本！对奥杜邦和其他艺术家兼博物学家来说，一天射杀100个标本是稀松平常的事——并且物种越珍稀越好。19世纪收藏标本的增长或许增加了对自然的欣赏，但却无助于保护自然。

名录与体系

大型收藏的发展和科学家们对收藏的研究不仅推动博物学文献进入越来越专业化的渠道，而且还带来了许多人所认为的博物学在19世纪的最高成就：一系列记录了某些特定区域几乎所有物种的名录。这些名录反映了那些受到林奈启迪的博物学家的梦想：记录自然的全部。

夏尔·吕西安·波拿巴的《鸟类调查》(*Survey of the Genera of Birds*)发表于19世纪中期，由于作者的逝世而未能完成。他在这本书中尝试列出当时已知的所有鸟类，共有7000多种。波拿巴将他的生命奉献给了博物学研究，并且他有足够的财富和关系支持他充分追求自己的兴趣。为了拟订他的鸟类清单，他拜访了欧洲所有的大型收藏地，并与世界各地的采集员、博物馆馆长和博物学家通信。留下的五十箱手稿和信件证明了他为追求一个覆盖所有鸟类的名录而付出的极大努力。

其他博物学家对哺乳动物、鱼类以及许多较小类群如鹦鹉进行了细致的研究。标本管理者们也通过发表各自博物馆藏品的名录为博物学文献添砖加瓦，这些名录很快就成为主要的参考工具。艾伯特·贡特尔（Albert Gunther）于1859年至1870年间发表了《大英博物馆鱼类名录》（*Catalogue of the Fishes in the British Museum*），这部著作的影响力持续了一个世纪。这些国家博物馆伟大馆藏的名录列出了各个标本的来源和其他有价值的信息。英国一位重要的博物学倡导者理查德·欧文，在向一个议会委员会作证时，雄辩地陈述了博物馆名录的重要性。他声称，"这样一个名录事实上构成了馆藏的灵魂。"*

名录的作者们在编写时主要是为了供专业人员或者其他可能需要详细的技术性信息的人使用。与奥杜邦或古尔德的插图著作相比，这些名录看上去"枯燥无味、令人厌烦"，不过我们应当记住，它们并不是为广大公众而编写的。就像林奈的分类学没什么文学吸引力一样，19世纪这些伟大的名录们只对博物学领域的新成员具有魅力。

关键问题

通过改进研究技术，扩大馆藏标本的规模，提供更多更广泛探险的机会，以及将自身转变为数个具体科学学科，博物学获得了科学的地位。这些因素也激发了公众对博物学的信心，认为命名所有动植物并对它们进行分类和排序的目标可以实现。然而，同时，那些让人产生如此希望的信息也提出了新的问题，并引发了争论。

---

* Great Britain, House of Commons, "Report from the Select Committee on the Condition, Management and Affairs of the British Museum," *Parliamentary Papers*, 1836, vol. 2, p. 45.

在第三章中，我讨论了博物学领域一个持续的争论，即居维叶—圣提雷尔辩论。居维叶通过研究来自巴黎地区考古挖掘和巴黎博物馆的许多有趣化石得出结论说，地质记录反映了一系列处于静止状态的不同动植物群。其他研究博物馆化石标本集的人，如圣提雷尔和拉马克，则得出了不同的结论。他们认为当代的物种起源于现在已灭绝的一些物种。南美探险和澳大利亚探险发现的化石又进一步深化了分歧并引起了新问题。

19 世纪 30 年代对巴西和澳大利亚灭绝动物群的研究使得英国比较解剖学家理查德·欧文相信，在全球各地区发现的生物展现了“类型的局域化”（localization of type），也就是特定类群的动物和植物，过去和现在都只栖息在特定的地点。什么可以解释这种地理分布？气候、土壤类型或其他地理因素都无法提供充分的解释。一些博物学家试图利用这个问题来号召调和科学和宗教。

出生于瑞士、在哈佛大学执教的科学家路易斯·阿加西（Louis Agassiz）主张说，类型局域化代表了科学所寻求揭示的神圣设计的一个方面。阿加西受到居维叶很大影响，他接受了这一观点：地质记录展现了各个不同时期的历史，每个时期都有其特有的动植物群。阿加西极大地推进了这一论证，即上帝在特定的时间和地点创造了每个物种，这种立场被称作“特创论”。阿加西宣称，博物学的事实揭示了一种总体设计。在他的《论分类》（*Essay on Classification*，1857）一书中，他写道，通过描述这一设计，“人类思想不过是将表达在自然现实中的神圣思想翻译成人类语言”。* 类型局域化的证据证明了这一设计不仅包含形态学

---

* Louis Agassiz, *Essay on Classification, in Contributions to the Natural History of the United States of America* (Boston: Little, Brown, and Co., 1857), 1:135.

对生命的艺术化展示

国际展览提供了许多将博物学带给公众的机会。私人和公共自然博物馆开发的艺术性标本展示，在伦敦的万国博览会（Great Exhibition, 1851）和巴黎的世界博览会（Exposition Universelle, 1867）上获得了广泛的关注，使得它们的应用逐渐扩展。到了19世纪末，实景模型成为自然博物馆的标准项目，它们展示处于自然生境中的成群动物。加利福尼亚科学院展出了图中著名的狮子实景模型。

■ 图片源于旧金山加利福尼亚科学院的特色馆藏。

类型、生理功能和生物交互作用，而且还包含了地理学维度。上帝在南美创造了“南美类型”以丰富南美，而非澳大利亚或欧洲。

对博物学家来说，类型局域化还有其他含义。对当前动植物分布的最新观察引起了对生物地理模式复杂性的注意。正如在第二章中讨论过的那样，洪堡是植物分布研究的开拓者，他论证说，特定的环境条件与特定的植物“集合体”联系在一起。造成此种规则性的终极因素仍属未知，不过还是有越来越多的文献考查植物和动物的分布模式。博物学家们同意，世界看起来被分成了几大区域（通常认为是六大区域），各有其特有的动植物群。

博物学家也考察其他模式，比如，岛屿动植物群与大陆物种的关系。18世纪末的博物学家注意到，岛屿离大陆越远，其与该大陆共同拥有的物种就越少。另一种吸引了博物学家注意力的模式是“代表种”（representative species），这个术语指紧密相关、形态相似的物种被发现栖息在不同的地理区域。博物学家发现一些例子特别有趣。在19世纪50年代，英国博物学家约瑟夫·道尔顿·胡克（Joseph Dalton Hooker）——后来的伦敦皇家植物园的总管——写到了加拉帕戈斯群岛（Galápagos Islands）上的植物的代表种。令他奇怪的是，有如此多的植物只栖居在群岛中的一个岛屿上，在其他岛上则可以找到相似但不同的种类。

对19世纪的博物学家来说，最苦恼的问题或许是变异和“物种问题”。博物馆的大量标本向博物学家透露了同物种个体之间的微小差异。博物学家逐渐意识到，他们所认为的重大变异有许多实际上是因为对该物种正常的性别、季节和生命周期变化的认识不足。一些变异看上去与地理位置有关，因此看上去是恒定的，可以被称作“变种”。标本之间需要有多大不同才能被合理地界定为属于不同物种？尽管有经验的分类学家声称他们能分清不同种，但随之而来的往往是对他们结论的不同意见。布丰对**物种**的定义——在一起能够成功繁殖的有机体属于同一物种——并无助益，因为博物学家通常研究的是保存的标本（或对这些标本的描述），因此没有办法确定其繁殖兼容性。按照居维叶的看法，每一个分类单元都能通过比较解剖学被严格界定。但面对数以万计甲虫或贝壳的博物馆工作者们发现局势不那么明朗。这样，“物种问题”仍然是个严重的问题。

到 19 世纪 50 年代，博物学正接近一个综合点。博物学家们处理关乎生命多样性和规则性的问题，名录（如波拿巴所编写的）列出了越来越多地球上存在的生物，博物馆馆藏容纳了来自世界各地的大量标本。像政府一样，公众对此兴趣浓厚——博物学具有宗教意义、经济重要性和美学价值。科学界则对这一学科抱有很大期望，认为它已处于实现其奠基者曾展望的目标的边缘。

第五章

达尔文的综合：
进化理论，1830~1882

19 世纪 30 年代的某一天，当经过巴塔哥尼亚（Patagonia，现属阿根廷）时，查尔斯·达尔文享用了一顿美餐，其中有这支探险队的艺术家射杀的一只类似鸵鸟的鸟。直到用餐完毕他才意识到，刚刚吃掉的那只鸟正是他一直以来苦苦搜寻的一种鸟。当地人曾告诉达尔文，那里除了有寻常的美洲鸵鸟以外，还有一种稀有的、体形较小的鸵鸟。一位著名的法国博物学家不久前曾在巴塔哥尼亚寻找这种类似鸵鸟的鸟，但未能获得任何标本。达尔文的竞争意识使他非常希望找到这种鸟。幸运的是，厨师在清理这只鸟时丢弃了头部、颈部、腿、翅膀和大部分皮肤，还有大量的羽毛，达尔文如获至宝。在返回英格兰后，他将这些幸存部位送给约翰·古尔德，后者鉴定这只鸟属于一个新物种，将其命名为达尔文三趾鸵（*Rhea darwinii*，即小美洲鸵 *Rhea pennata* 的同物异名）。后来证明这是一个重大发现，它将影响到达尔文对物种本质的思考。不过此刻，这位刚从剑桥大学毕业的年轻人正将他的时间用于收集博物学标本，观察当地生物，并享受这次令人兴奋的环球之旅。

查尔斯·达尔文的早期职业生涯在很多方面都代表了19世纪前30年博物学家们所受到的训练。达尔文念大学时开始对博物学有浓厚的兴趣，他先在爱丁堡读医学，后来去了剑桥，为成为一名牧师做准备。那时尚没有博物学学位，他并没有机会在博物学方面接受训练，尽管他的确参与了业余爱好者的讨论小组和采集旅行。像许多年轻的英国男士一样，他从年长的人那里学到了博物学的道德意义。他后来回忆说，他带着相当大的乐趣阅读自然神学家如威廉·佩利（William Paley）的作品，在该世纪初，佩利在他的经典之作《自然神学》（*Natural Theology*, 1802）中普及了这一视角。他认为，既然自然中的设计显示存在一位设计者，那么对有机体结构及其复杂性、功能和对环境适应的研究将证明这位宇宙设计者的存在。佩利对存在于自然中的那种精致适应的描述和他将自然视为一个紧密整合的体系的观念，尤其令达尔文产生共鸣。

“贝格尔”号

在爱丁堡以及后来在剑桥，达尔文对地质学、植物学和动物学产生了浓厚的兴趣。达尔文在剑桥的导师，约翰·斯蒂文斯·亨斯洛牧师（Reverend John Stevens Henslow）鼓励他的好奇心，并帮助安排他跟随皇家海军“贝格尔”号进行为期5年的航行。英国政府于1831年圣诞节过后不久派遣“贝格尔”号远航，其主要目标是考察南美海岸，并环游世界测量经度。这次环球旅行除了广泛造访南美各地外，还在大西洋、太平洋诸岛和新西兰、澳大利亚以及非洲进行了停留。

当时 22 岁的达尔文在旅行途中进行了细致的观察，并采集了大量的博物学标本。回去之后他将这些材料分送给英国最好的专家，于 1839 年至 1842 年间编辑出版了五卷本的《“贝格尔”号旅行之动物学》(*The Zoology of the Voyage of the Beagle*)，他亲自监督印刷工作。达尔文对这次航行的叙述极为精彩地刻画了行程中的田野生物学，为他赢得了声望。这本后来被他命名为《“贝格尔”号纪行》(*Voyage of the Beagle*) 的书很快就成为一本畅销游记。

达尔文做的不仅仅是收集有趣的标本，他还在当时顶尖博物学家们所关心的核心科学问题下思考其意义。分布模式吸引了他的兴趣。在南美时他看到了巨型树懒、啮齿类动物和犰狳的化石遗迹，它们都与南美大陆特有的生物形态相似。如同欧文和阿加西研究来自互不相连的地理区域的化石和现存物种一样，达尔文思考是什么造成了某个地区物种特征的长期相似性？为什么会有这样令人惊讶的联系？化石和现存形式之间可能有着怎样的关系？

在南美的时候，达尔文还注意到生物分布的其他模式。他的地质学观察提出了这样的问题：隔离了大片地区及其栖息者的自然屏障是如何存在的？他逐渐意识到，这些屏障随时间而改变，有时非常迅速。他亲历了一场地震和一次火山喷发，并估量了它们改变地貌的巨大能力。无论变化速率是多少，自然屏障必定以某种意想不到的方式隔离成群的植物和动物。在一次岛屿探险中，达尔文仔细记录了安第斯山某个山脉的西部山坡与东部山坡的动植物之间的差别；尽管两个地方的气候和土壤都一样，但差异还是产生了。

达尔文注意到那些特别相似的物种的分布。他带回了许多代表物种的标本——其中有来自加拉帕戈斯群岛的植物，特别令约瑟夫·道尔顿·胡克着迷。达尔文还检查了那些居住在不同但相邻山脉的相似物种。他和他那些探险同伴在巴塔哥尼亚所吃掉的那只小美洲鸵的遗骸，结果成为了非常重要的标本，因为在与那只鸟所栖息的山脉相交叠的另一个山脉上，可以找到与它特别相近的大美洲鸵（*Rhea americana*）。

海洋岛屿上引人注目的生物多样性和岛屿动植物群与邻近的大陆动植物群的关系都令达尔文着迷。在英国新近获得的福克兰群岛（Falkland Islands）上，他观察到一种像狼一样的狐狸，据称居住在岛东部和岛西部的这种动物并不相同。在后来的航行中，他注意到加拉帕戈斯群岛上的嘲鸫有着显著不同。达尔文缺乏相关经验，无法确定他那些标本是属于不同变种还是不同物种，不过这些大量变异让他明确地注意到这些孤立小岛上的生物丰富性。

回到英国后，达尔文将他收集的标本送给专家研究。约翰·古尔德对达尔文所收集的鸟类进行了分类，断定加拉帕戈斯群岛不同岛屿上的嘲鸫属于不同的种。这些地理上如此邻近的岛屿为什么会有不同种的嘲鸫？同样令人惊讶的是，古尔德断定达尔文在不同的加拉帕戈斯岛屿上发现的雀类——以及另一种被达尔文当作鹪鹩的鸟——属于一系列紧密相关但又不同的种。在一系列远离陆地的小岛上存在着十余种不同种但又十分相似的雀类，且它们都与南美雀类相似，这令达尔文感到迷惑。同样地，理查德·欧文在描述“贝格尔”号航行中的哺乳动物化石时遇到了一只美洲驼遗骸，他认为尽管它与当时居住在同一地理位置的美洲驼这一物种极其相似，但它是一种已灭绝的美洲驼。这一极端的局域化案例使达尔文提出了这样一个问题：在同样的环境下，为什么一个相似物种会取代另一种？他对物种“取代”这一问题的兴趣，因古尔德将那只被吃得只剩残骸的美洲鸵鉴定为一个新物种而加强了，因为这两种鸵鸟居住在相互交叠且极为类似的地带。

进化

在返回欧洲之后不久，达尔文逐渐相信，如果他假设物种随时间而改变，那么他将可以回答所有那些他关心的问题。这样一个简单的假设可以解释诸如海洋岛屿上生命起源这样的问题：当代物种起源于那些意外地由最近的大陆来到岛屿的个体。这一假设也可以弄清分布模式的问题：它们是扩散和隔离的结果。这一假设通过世系或遗传将化石与相似的当代形式联系起来。同样地，通过将变种定义为端始种（incipient species），可以解决与如何区分种和变种相关的理论问题。

但如果物种随时间而改变，它们又是如何做到的？怎么解释佩利所描述的那些精巧的适应性？早先相信变化的人并没有提供多少指导。达尔文知道圣提雷尔和拉马克的推测，但他拒绝接受，认为它们太过模糊而无可救药。

一个可接受的物种起源的解释应当由什么构成，对此达尔文有一些预想。他发现，用随时间逐渐展开的理想设计或使原始生命形式发展到更高阶段的内在进步力进行解释是站不住脚的。这些观念依赖于未知的“力”或形而上的理论，而达尔文所在的传统则期望，对现象的科学解释应当用统治物质对象的自然法则这样的措辞来表述。

广受尊敬的地质学家查尔斯·赖尔（Charles Lyell）成了达尔文的榜样，对他的思考产生了重要影响。达尔文在乘“贝格尔”号旅行途中阅读了赖尔的《地质学原理》（*Principles of Geology*），此后他对大部分地质事实的解释都依据此书。赖尔信奉一种新的地质学，明确拒绝“《圣经》地质学”——即在神学背景下设想地球的历史——并用基于广泛观察的、研究地球变化法则的科学将其取代。他拒绝用诸如全球大灾难这样的概念来解释地球上先前发生的变化，坚持将地质学建立在我们当前能看到的、正起作用的力之上。受到赖尔启发的达尔文集中体现了19世纪初期的那种崭新的、世俗的、专业化的博物学特质。

幸运的是，达尔文拥有一份独立的收入来源，因此可以全身心投入科学。在接下来的20年里，他建构了一个与他的博物学知识相一致的详细论证。在这个过程中，他全面考察了自林奈和布丰以来的广阔博物学领域。他对变异的兴趣促使他超越动植物学文献，接触到园艺学和动物繁育方面的杂志和研究。通过印刷的调查问卷和个人面谈，达尔文甚至咨询了那些积累了大量珍贵数据的饲养员。

仅仅有大量信息并不足以建立一个理论；达尔文所需要的是一种解释物种变化的机制。在托马斯·马尔萨斯牧师（Reverend Thomas Malthus）的《人口原理》（*An Essay on the Principle of Population*，1798）一书中，达尔文读到了一种后来被他通过类比扩展到动植物界的观念。马尔萨斯在书中讨论了人口问题，认为如果没有饥荒、疾病或战争的制约，人口的自然增长将很快超过人类提高食物生产的能力。其必然结果将是为生存进行激烈斗争。马尔萨斯的论述建立在当时的社会问题背景下：人口过剩、城市贫民窟以及要求福利改革的呼吁。他属于英格兰一派关注穷人的人，他们更实际，与英国的新兴工业社会保持一致。

达尔文将马尔萨斯的理念应用到生物世界整体。植物和动物具有巨大的生殖能力。牡蛎所产生的配子（生殖细胞）远超过在牡蛎苗床上发现的牡蛎数量，橡树每年都会结出数量惊人的橡子。一种极大的“种群压力”显然存在于所有的物种中。那么，为什么某些个体能存活并留下后代而其他个体不能呢？常识会告诉我们存活者具有某种优势——体型、力量、吸引力、更好的开发食物来源的能力、对疾病的免疫力、对捕食者的抵抗等——于是得以产生更多的后代。因此，一种“自然选择”在自然中起作用，类似于园艺师和鸽子爱好者所进行的驯化选择。不过两者之间存在一个重大不同：自然并没有一个有意识进行选择的代理人。这一过程并没有方向，不过随着时间的流逝和持续的选择，一个群体的特征可能会发生如此重大的改变，以至于当将它与原始亲本群体相比时，它看起来可能像是一个变种，甚至是一个完全不同的物种。

自然选择看起来是可信的，不过它实际上是不是发生了呢？这样一种作用要发生，个体特征必须存在相当大的变异。达尔文从饲养和园艺中积累的信息表明，驯化中存在大量变异。达尔文也因一个偶然的机会参与到对藤壶（蔓足亚纲）的系统性研究中：他在随“贝格尔”号航行途中采集到一枚极不寻常的藤壶。这次研究使他理解自然发生的变异的程度。对藤壶的研究将达尔文对分布、变异和化石的兴趣与传统的源于林奈的分类研究结合了起来。这项工作很快就发展壮大起来，最初原本是为澄清某个标本分类问题而进行的考察变成了分类学中的一项重要研究工程。达尔文向世界各地的采集者和标本收藏者写信，请求提供用

热带的浪漫

欧洲博物学家发现热带地区的植物和动物令人着迷。19 世纪初的一系列游记，比如洪堡的游记，俘获了许多年轻的未来博物学家的想象力，并激励他们亲自去旅行。其结果是那些成功前往异域探险——并活着回来——的人掀起了第二波的旅行文学热潮。查尔斯·达尔文、阿尔弗雷德·拉塞尔·华莱士和亨利·沃尔特·贝茨（Henry Walter Bates）这三位有名的博物学家都是从前往热带探险开始他们的职业。惊叹于生物的美丽和多样性，他们充满赞赏地记录下所见所闻。

■ 这幅图选自贝茨的《亚马孙河上的博物学家》(*The Naturalist on the River Amazons*, London: Murray, 1863）一书。贝茨描述了他于 1848 年至 1859 年在巴西进行的为期 11 年的采集和观察，其间他收集到 14, 712 种动物。其中大概有 8000 种是新种。

于研究的标本，在长达 8 年的时间中他研究了一万个藤壶。这项工作如此深入他的生活，以至于有这样一则经常被人提及的趣闻：达尔文的一个儿子问邻居的一个小孩**他的**父亲在哪里“研究藤壶”。在某种意义上，这项工程将林奈传统的命名、分类与更广阔的对自然中秩序的寻找结合起来，而后者是布丰工作的特征。具有更迫切重要性的是，通过研究藤壶每个种的多个标本，达尔文意识到自然中可能存在的大量变异。

不过这种变异是无限的吗?居维叶宣称既然一个有机体的所有部分都结合在一起(指各部分相互关联)，那么任何部分的变异都有一个它无法超越的严格界限，否则有机体将无法存活。不过，达尔文认为，来自博物学的数据提出了另一种观点：在许多情形下，各个标本或成组的标本可以被排列成一个反映了某个特定特征逐渐变化的序列。一个物种内的变种和一个属内的种可以按相似的方式排列。达尔文相信，这种渐变反映了，物种中的弹性要比居维叶设想的更大。并且达尔文更进一步，拒绝了“部分的相互关联”原理，他认为有机体某一部分的改变将导致整个有机体的系统变化，而不是死亡。

达尔文的进化理论是革命性的，并且正如其他科学革命一样，需要对许多基础观念进行概念重整。他对居维叶的“部分的相互关联”原理的重新解读代表了视角的一种根本转变，类似的转变还有很多。长期以来将自然刻画为一种和谐平衡的传统被一种暗示充满暴力的战场观点所取代，用阿尔弗雷德·丁尼生(Alfred Tennyson)的话来说就是，“爪牙之下血淋淋的自然”。曾令佩利愉悦的那种“精巧的适应”，不再被认为反映了神的智慧和筹划；相反，它们被看作仅仅是一个盲目过程的偶然结果。同样地，无论是时间上还是空间中的复杂分布模式，并不像阿加西相信的那样表现了造物主的理念，而仅仅是历史运转的结果。甚至物种的概念也需要被重构。将物种看作是一种神的或者理想的设计不再有意义，相反物种需要被看作是由个体组成的种群。既然种群有时候会相互重叠，那么物种之间的界限也就变得模糊了。

虽然生命科学中的许多概念都需要重整，但这是值得的，因为其回报巨大：达尔文的宏大综合理论将原本不相干的分类、胚胎、行为、适应、形态、古生物和分布研究综合了起来。观察到的博物学的模式和规则性都可以从他对生物演化的解释中推断出来。而且，他的理论解决了博物学的主要问题。现存植物和动物之所以与某些化石相似，是因为它们源于这些相近似的化石物种。代表种和居住在相邻地区的近似种都源于共同的祖先种群。分类学上的“亲缘”透露的是历史关系，那些令达尔文印象如此深刻的适应性反映了对有用变异成年累月进行选择的累积结果。一旦博物学家们认识到变种其实是有变成新物种潜能的亚种群，他们就会发现变种与真正的种难以区分的原因是显而易见的。海洋岛屿上的动植物群起源于最近大陆上的个体，其形式的多样性反映了持续的隔离和对新生态位的开发利用。同样地，更大范围的地理模式也是源于古时地理屏障造成的多年隔离。正如赫胥黎后来宣称的那样，这一理论使得“博物学事实”合乎理性。

大部分的博物学家，无论是在博物馆内还是在田野工作，无论专注于系统分类学还是形态学，都很快接受了这一理论。这并不意味着博物学**实践**随之发生了迅即而重大的改变；一个理论或许可以解释事实，提供对数据的阐释，提出新的研究问题，但它并不一定会导致日常活动的重大改变。在《物种起源》(*Origin of Species*, 1859) 发表后的10年内，科学界大都接受了达尔文的理论，不过其间并不是没有发生过重大争论。在被采纳的过程中，进化理论也被科学家们做了诸多重大修正。

回应

尽管进化理论最终得到了接受，但在起初，英国科学界的许多人都对达尔文的理论反应消极。新近被采用的博物学专业标准意味着博物学家们对达尔文这本书的“推测性”感到别扭。许多人只是将采集和编目当作是经验性的事业，因此嘲笑那些系统地提出推测性“解释”的尝试。顶尖的科学家们和哲学家们写道：科学应当是“归纳性”的，也就是说通过反复的直接观察，人们可以推断出可靠的概括。好的归纳科学的标准示例是这样的：我们已观察到成千上万只天鹅；它们都是白色的；因此，我们推断出天鹅是白的。达尔文并不是用这样的方式获得他的基本概念“自然选择”，他也没有将它呈现为一个可以被直接观察到的过程。此外，他的理论所描述的自然选择的累积效应，也就是物种的改变，起作用所需要的时间尺度超越了人类的验证范围。**假如**一个人接受了变化的思想，那么许多问题就可以迎刃而解。但这种推理并不符合哲学家或者科学家惯常所说的“可靠的归纳推理”或好的“科学方法”。

一系列科学问题进一步蚕食了人们对达尔文理论的信心。威廉·汤姆森（William Thomson），也就是后来的开尔文勋爵（Lord Kelvin），提出了地球年龄的问题。达尔文假设地球非常古老，自然选择起作用的速度如此之慢，以至于在整个有记录的人类历史中，实际上并没有物种的改变被记录下来。但汤姆森利用当时的物理学——那个时代最精确的科学，也是令人信服的数学力量之一——以及已被接受的关于太阳和地球之物理成分的观念，令人信服地证明，地球的年龄不可能像达尔文所假设的那样久。汤姆森还根据已接受的关于太阳系本性的观念论证说，地球之前要热得多，以至于不适宜生命存活，这意味着可供进化展开的时间框架更加有限。

物理学和博物学之间的这一矛盾令达尔文和他的支持者们沮丧，并刺激他们去思考进化过程如何能发生得更迅速。随着20世纪的临近，放射性元素的发现改变了这一争论——发现这种此前未知的太阳系能量来源导致了对太阳系年龄的重新考查。而在数十年以前，对那些支持进化视角的人来说，看似年轻的太阳系年龄构成了一个严重的科学问题。

在博物学界内部，则出现了其他问题。达尔文的理论依赖于小变异的连续遗传及它们对适应的累积效应。不过已接受的遗传观念认为，小变异倾向于被淹没在大的种群中。博物学家们无法理解小的、孤立的变异如何能改变一个大种群。一滴黑色颜料的加入，能对一百加仑白色颜料产生什么样的影响呢？

与此相关的一个问题关乎自然中的变异程度。尽管博物馆工作者和田野博物学家已经观察到种群内部的一些变异，他们也注意到变异似乎围绕一种"模式"呈辐射状展开。一个种群内的某些玉米植株长得高一些，某些矮一些，但一季又一季农业研究者们观察到它们的高度范围是同样的，即使为下一代所选择的种子全都来自高一些的植株。动植物繁育者可以在一些种内选择想要的特征，也可以改变特征的分布，但似乎总有一个界限是他们无法超越的（并无记录称存在两吨重的西葫芦）。当然，在所有有记录的历史中也没有证据显示任何新物种被制造。如果繁育者们无法创造出新物种，自然在盲目中又如何能做得更好呢？诸如自然选择这样的无意识过程，作用于可遗传的变异，如何会产生新的性状？自然选择能否产生全然一新的器官，或者引起如化石记录所展示的那样从简单到复杂的渐进式进步？一个看似毫无目的的力如何能具有创造性？科学家们问道：能使动植物适应复杂的、本身随时间改变的环境条件的"正确"变异又从哪里而来呢？

或许最令人不安、让博物学家迟疑的问题来自比较解剖学。正如这一学科的主要实践者们理解的那样，该学科被广泛接受的法则，与达尔文的毫无方向的、依赖于偶然变异和自然选择的进化截然矛盾。英国的一位重要解剖学家理查德·欧文公开批评达尔文的理论，尽管他赞同有一个整体设计随时间渐进式发展这样的总体思想。欧文注意到冯·贝尔的论点，即动物无法被安排成一个单一系列，属于四种不同类型的动物之间也无法识别出有效的同源性。欧文相信化石记录反映了四种类型每一种内从简单到复杂的前进。按照他的观点，一个组群内最早的代表有最普遍的特征，并且分化最少。他识别出分叉世系的祖先和后代共同具有的“原型”。在他广为人知的《论四肢的性质》（*On the Nature of Limbs*，1849）一书中，他详细证明了不同脊椎动物的四肢如何共享同样的设计。

从欧文的观点来看，对生命出现在我们星球上的任何讨论若基于偶然改变并忽视基本设计的话，那它就未能领会古生物学和比较解剖学教给我们的最重要内容。他在英国科学界的地位严重损害了达尔文的事业，因为欧文试图动用他的权力和言辞技巧来发动科学群体反对博物学的新解释。

连同科学上的质疑一道，达尔文的同时代人还提出了宗教上的反对。对达尔文在剑桥的地理老师亚当·塞奇威克（Adam Sedgwick）等人来说不能接受的是，《物种起源》拒绝了博物学最重要的前提：一个神圣设计赋予我们所观察到的所有事物以意义和目的，并将自然事业与“终极”事业结合起来。在《论分类》一书中，阿加西已经从这一视角雄辩地总结了博物学的事实和模式——正是达尔文感兴趣的那些。这样高尚的观点应当被一种“讨厌且冷漠的唯物主义”取代吗？诸如塞奇威克这样的作者如是发问。这一问题激怒了许多人，甚至包括牛津主教塞缪尔·威尔伯福斯（Samuel Wilberforce），他“以主教的身份重重打击”达尔文阵营。

尽管存在强烈反对，但达尔文在博物学界获得了众多支持。那些曾广泛远游的人中有一些也被引导着提出了类似于达尔文提出的问题，比如年轻且精力旺盛的博物学家托马斯·亨利·赫胥黎和约瑟夫·道尔顿·胡克。尽管他们对进化有自己的解释，但他们领会到了达尔文的独创性，承认了他的理论的价值。

华莱士也加入了赫胥黎和胡克的阵营。华莱士比达尔文小 14 岁，并且缺乏达尔文所享有的经济支持和教育背景，但他独自提出了与达尔文的理论十分相似的进化理论。华莱士于 1848 年至 1852 年间在南美旅行，接着又于 1854 年至 1862 年间造访马来群岛。像达尔文一样，他对生物地理分布模式、化石与现存形式之间的关系和生命的丰富多样性都印象深刻。他还是个年轻人的时候就对拉马克的进化理论十分感兴趣，并且他也读过马尔萨斯。

在马来群岛的时候，华莱士开始对物种的起源感兴趣，并且与达尔文惊人相似的是，他记得马尔萨斯的《人口原理》。他于 1858 年概述了他自己的进化理论，并将它寄给达尔文。不出所料，达尔文发现华莱士的理论很吸引人——他在这个理论上花了 20 年的时间！达尔文的处境微妙。很明显，他在华莱士之前想到了这一理论，华莱士也没有提及任何有关发表的事，不过达尔文感到，作为君子他有责任将华莱士的论文寄送给一家杂志考虑。他的好朋友查尔斯·赖尔提出了一个公平的解决方案。他安排在林奈学会（Linnean Society）宣读并随后发表了华莱士的论文和达尔文的两篇短文，从而使他们共享发现这一理论的荣誉。这些文章没有吸引多少公众的注意。不过，华莱士的文章刺激达尔文于1859年发表具有里程碑意义的《物种起源》，确立了该理论的严肃性。华莱士尊重达尔文的资历；达尔文比他年长且思想更完善，因此他加入了赫胥黎、胡克等博物学家的行列支持达尔文。

他们进行了激励人心且有效的辩护。如此多的人如此快地接受了达尔文的整体进化观，反映了这一理论解决问题的能力、它作为自然分类体系的一把钥匙的价值，以及它综合整个博物学领域的潜力。对诸如赫胥黎这样的人来说，它也与一种更广泛的、反映了19世纪的世俗工业社会的世界观相契合。

大西洋两岸英语世界的无数作者们走得更远，试图将达尔文的思想扩展到社会领域。这种“社会达尔文主义”通常强调自然中的竞争与社会中的竞争的类比。由于自然中的竞争导致了“适者生存”，许多社会达尔文主义的支持者们论证说，人类竞争也会带来积极的社会好处。其他人强调自然的低效（成千上万枚橡子中最后只有少数能长成橡树），主张人类需要超越生物模型，干预社会战场。尽管达尔文私底下同意社会达尔文主义的一些说法，但他避免就他的观点应用于社会领域发表评论。所有这些论述都基于对人类历史高度推测性的历史建构，或者基于薄弱的哲学论证。不过，达尔文的沉默并没有阻挡其他人利用他的名字为他们宣称源于他的观点的社会改革取得合法性。达尔文长久不衰的声名使得这一趋势在19世纪剩下的时间和20世纪的大部分时间里继续存在，社会思想家们继续系统地提出各种版本的社会达尔文主义。

阐释

尽管在十年内博物学家们就广泛接受了达尔文的思想，但他们对这些思想做了重大修正，通常是将它们整合到一种进步世界观中去——具有讽刺意味的是，这种世界观削弱了达尔文著作的要旨。进化思想在美国的发展最好地表现了达尔文能被以何种“非达尔文”的方式阐释。

在哈佛，当路易斯·阿加西积极讨伐达尔文时，美国一位杰出的植物学家阿萨·格雷（Asa Gray）公开支持达尔文的理论，并试图消解阿加西的影响。但格雷对进化论有他自己的解释。他接受了《物种起源》中的基本论点，但认为达尔文的理论并不完整。格雷偏爱一种更宗教的、与佩利的早期自然神学相承接的视角。格雷写道，只要科学家们不知道自然选择起作用所需要的个体变异的起源，那么我们或许可以得出结论说，上帝在合适的时间和地点策划并引入了每一个小变异。

对格雷而言，达尔文根本没有摧毁自然中存在一位全能造物主的观念，而是通过发现这一过程的时间维度扩展了这一观念。自然界并非充满了毫无道德的斗争和不可预见的结果，相反，它展现了一种整体的被引导的设计，这种设计带来了上帝对人类的自然“创造”。如格雷所设想的那样，达尔文式的进化与传统的宗教情绪并不矛盾。由于格雷是美国首要的达尔文拥护者，他的观点获得了广泛的受众，尽管他知道达尔文并不赞同他的解释。

美国的其他进化论者所提出的解释同样和达尔文的原初意图相左。美国西部发现的化石证据给了博物学家们一个提出新的进化观的机会。美国古生物学家在化石记录中探测到“进步趋势”，并试图将这些趋势

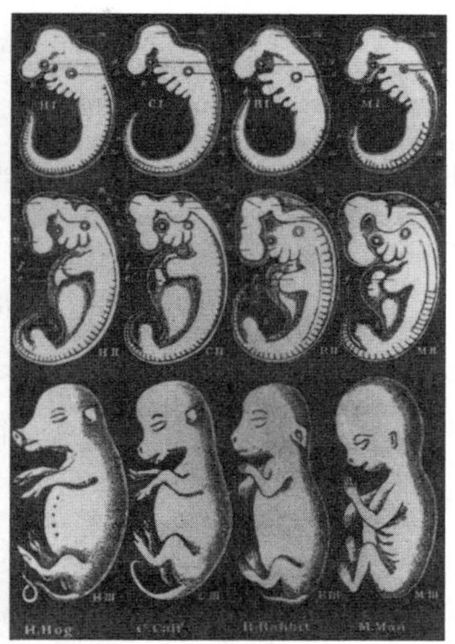

个体发育重演种系发生史

恩斯特·海克尔利用19世纪胚胎学的研究结果来支持达尔文的进化理论。他最著名的讨论之一是同源生物体经历相似的胚胎发育过程。海克尔认为，生物个体重复或者说重演了它的进化史；因此同源生物体会经历相似的发育阶段。他在被广泛阅读的著作《人类的进化：对人类个体发育和种系发生要点的通俗阐述》(*The Evolution of Man: A Popular Exposition of the Principal Points of Human Ontogeny and Phylogeny*) 中利用上面这两幅图证明："人类胚胎和其他脊椎动物胚胎在早期发育阶段有着形态上的重要关系，即存在或多或少的一致性。所比较的阶段越早，这种一致性就越彻底；成熟个体在血缘上越相近，这种一致性也越彻底——这符合'系统性同源形态的个体发育相关法则'。"

这两幅图分别是：两种低等脊椎动物和两种高等脊椎动物的三个发育阶段(A)，和处于同样三个发育阶段的四种哺乳动物胚胎(B)。从图中可以看出，这八种动物的最早期阶段是非常相似的，而到了第二阶段，它们已分化成三组：低等脊椎动物、高等脊椎动物和哺乳动物。

■ 图片来自 Ernst Haeckel, *The Evolution of Man* (New York: Appleton, 1897), vol. 1, pl. VI and VII。

与相应的环境变化相关联。他们相信，化石记录呈现的总体进步外貌，是因为自然中存在一种以目标为导向的力。这些新拉马克主义者（他们如此自称，有意识地与早期的拉马克挂钩）持有一系列广泛的观点，他们彼此之间也有相当大的分歧。比如，一些人强调自然中的进步秩序和环境对发展的直接作用。其他人认为化石记录中的趋势是非适应性的，因此暗示着独立于环境的发展。比如，宾夕法尼亚大学的古生物学家爱德华·德林克·科普（Edward Drinker Cope）声称，胚胎发育偶尔会加速，以进入新的组织阶段。这些新阶段中的一些与环境压力直接相关：有机体有意识地通过它的“生长力”努力使自身适应。其他新阶段反映了更正式的发育模式。他还将自己的进化观点整合到一种宽泛的、宗教性的哲学中。他相信，一种宇宙意识指导着进化并确保了其进步。

达尔文在德国获得了当时最大程度的接受，这里博物学家们通常将进化思想整合入更广阔的综合视野中。恩斯特·海克尔（Ernst Haeckel）成为主要的进化论代言人，其著作的英译本也吸引了英国和美国的一大批读者。海克尔宣称达尔文所提供的综合视野对构建一幅完整的科学的生物世界图景是必要的。他的意思是说，达尔文理论呈现了一幅完全机械论的图景，并未涉及任何以目的为导向的观念。

具有讽刺意味的是，为了追求一种整体体系——尽管是物理性质的——海克尔常常越过了“科学”推理的边界。在他的著作如《普通形态学》（*General Morphology*，1868）以及更通俗的《创造的自然史》（*Natural History of Creation*，1868）和《人类的进化》（1874）中，海克尔概述了一幅高度推测性的体系，将进化向下追溯到早期简单的、自发产生的原始形式，向上推进到人类。他利用胚胎学解决了达尔文理论的一个主要障碍。既然所有的多细胞动物在胚胎发育过程中都会经历一个原始中空的双胚层阶段（原肠胚），他假定存在一种原型动物，一种“原肠祖”（gastraea），它类似于简单原始的海绵，所有较高阶动物都由它而来。海克尔的方式使比较解剖学家和胚胎学家对单源的进化图景的反对变得无效。来自居维叶和冯贝尔的传统一直强调动物界中四种类型的独立性质。通过为它们假定一个共同祖先，海克尔将四种类型统一起来。他的生命史一直写到高阶形式，利用了比较解剖学、胚胎学、古生物学——以及他生动的想象。

海克尔的综合部分地解决了比较解剖学内部的一个古老争论，即那些强调功能对理解形式十分重要的人，与那些相信形式可以被独立地研究的人之间的争论。从进化的角度来看，动物或植物形式源于多个连续的适应。这样，博物学家们在动植物界中所发现的一般形态设计反映了早期未分化时的组织构造。不过，动物和植物也展现了可与当前功能直接相关的组织。这样，在解释形式时，博物学家不仅需要考虑同时期的解剖结构和环境因素，而且也需要考虑早期适应留下的遗产。

海克尔认为，通过综合来自不同门类的生物科学尤其是比较解剖学、系统学和胚胎学的信息，进而重构生命的进化史是可能的。在他的“生物发生律”中，个体的发育（ontogeny）被看作是重演或重复了它的进化史，也就是它的种系发生史（phylogeny）。既然进化史遵循了一系列分叉和分枝，这种重演并不像早先塞尔所设想的那样（见第三章），类似于只经过了一条动物线系的线性运动。相反，海克尔刻画了一棵种系发生树；也就是说，它有分枝而非一架直梯。

对海克尔而言，胚胎学在重构过去中具有中心地位。研究者们通过研究现存有机体的发育，可以追溯并重构其祖先的形式，也可以强化来自化石记录的证据，以及更重要的，可以提供不存在化石记录时所需要的信息。他的一部讨论一组现代海洋生物（海鞘类）幼虫阶段的著作，提供了他如何利用胚胎学来填补空白化石记录的例子。这些很少被研究的“蠕虫”有一个基本结构，类似于脊椎动物中发展成脊椎的那个结构。海克尔追随一位俄国胚胎学家的杰出工作，宣称这一共有的胚胎器官构成了脊椎动物与无脊椎动物之间存在古老联系的证据。

海克尔将一些最好、最新的研究引入了他的综合，不过他的理论中还混合了强烈的社会政治观点。比如，在他那本广为阅读的《宇宙之谜》（*Riddle of the Universe*，1899）中，他支持一种德国形式的社会达尔文主义。在这本书中，他设想的是一整套基于进化的生命哲学。尽管海克尔有大量受众，但他的许多科学同行都犹豫要不要接受他的整体宇宙图景。不过，许多人都同意他的进化论路径，尤其是他对生命科学的进化论解释。

无论博物学家们是否接受海克尔影响深远的观点，到了19世纪末时，他们对他们的自然秩序观念应当基于什么已经有了共同的看法。达尔文已使科学界相信，生物的进化确实发生了，物种随时间而改变解释了博物学的许多中心问题。在进化因素上的分歧刺激了研究沿着多种不同道路进行。比较解剖学仍然是探索的一个主要工具，不过新的、令人兴奋的研究方法很快获得了发展。

第六章

研究功能：

生命科学的另一种视野，1809~1900

1800 年至 1804 年期间，尼古拉斯·博丹率领一支法国海军远征队前往澳大利亚，带回了大量引人注目的博物学标本。这次航行在其他方面对博物学也有着重要意义。在早先的航行中，海军军官和平民科学家之间的关系越来越紧张，因为科学家们常常提出一些在船长看来在时间上和空间上都不合理的要求。博丹探险途中的冲突成了最后一根稻草。自此以后，法国政府不再招纳平民科学家参加远征，而是将科学观察、收集的任务分配给了海军军官。在某种程度上，调和军事利益与科学利益之间冲突的尝试已经耗尽了海军的耐心。中止派遣科学家随海军远征的决定也标志着优先权上的转变。尽管早期探险将科学目标列为重要议程，但后来的航行更多是为商业目的和政治目的服务。

博丹远征还代表了另一个重要转变，不过这一转变与海军政策没什么关系。这次探险所带回的植物材料将被证明对生理学的兴起至关重要，这一学科探索有机体的功能，包括物理过程和化学过程。更重要的是，用于研究这些材料的方法开创了考察生命现象的新方式，这些方法的成功对博物学的实践、地位和未来的方向有着深远的影响。

尽管博物学家们强调分类和寻找自然中的潜在秩序，但并不能由此得出结论说他们将自己的兴趣限制在描述和建立秩序上。博物学家们相信，探索有机体的功能是理解自然秩序的一部分。比如，布丰构建了一套繁殖或生殖理论，林奈研究过动植物体的机能。其他博物学家探索生殖、营养、再生和动植物表面分泌物质的过程。理解有机体的功能有助于更深刻、更广泛地了解自然的法则和生物的秩序。

博物学的专业化不但驱使研究进入越来越狭窄的对专门类群的调查，而且使生理学研究逐渐远离了传统的博物馆工作和田野研究。在 19 世纪，生物功能研究逐渐集中在了医学界。在这里，它从一项相对较小的事业成长为振奋人心的、不断壮大的生理学。尽管博物学仍然对阐明功能感兴趣，但在这个世纪的大部分时间中，它与生理学研究之间的距离越来越大。研究者们在博物馆、政府机构和一些大学的动植物学院系实践博物学，而生理学领域的工作主要在医学机构、某些动植物学院系或研究所（尤其是在德国）进行。博物学与生理学的分离不仅对研究机构的设置有重要意义；这一分裂导致了研究生命的不同路径，并且导致了研究者们对生命科学的统一意味着什么有不同的想法。

生理学与实验方法

实验方法的使用尤其能体现 19 世纪生理学与其他生物学科的差别。

自17世纪以来，物理科学领域的研究者们就已经将实验作为重要的工具，但生命科学领域的研究者们很少仿效他们的做法。18世纪末至19世纪20年代生理学在法国的兴起改变了这一局面，负责构建这一新学科的生理学家们共同致力于利用实验的力量。

生理学的发展，是在对巴黎的内科和外科进行普遍重组和复兴的过程中发生的，这是1789年法国大革命期间启动的机构改革的一部分。泽维尔·比夏(Xavier Bichat)，那场改革的首要人物之一，认为医学教学和研究需要重组，并且它们应当基于一种新的、更科学的医学之上。他还认为，部分新医学应当使用实验分析。

比夏为了理解窒息现象而进行的实验性手术，是证明实验方法可以揭示身体功能细节的早期例子之一。比夏相信个体的突然死亡源于身体内部三个关键器官之一的首先死亡：肺、心脏或者大脑。一个重要器官的死亡会导致其他两个器官的死亡。为了证明这一观点，比夏进行了一系列的输血实验。他从一只经历了肺衰竭的狗的肺中抽取出黑色的血(缺氧血)，将它们输送到另一只狗的心脏或大脑中，结果后者的那个重要器官停止了活动，进而导致了死亡。

比夏于1802年英年早逝，年仅31岁，这减少了他的直接影响力。定义实验方法并证明其力量的重任落在了比他稍年轻的同代人弗朗索瓦·马让迪(François Magendie)的身上。像比夏一样，马让迪将他的医学背景尤其是手术方法带入了生理学。为了理解一个有机体不同部分的活动，他在活体动物上操作，并成功地建立了实验生理学中的研究传统。从1809年发表的一篇经典论文开始，马让迪积极地将实验方法扩展到对生命的研究中。1821年他开始编辑第一本致力于此类研究的杂志，《实验生理学与病理学杂志》(*Journal of Experimental Physiology and Pathology*)。他的研究和他所编辑的杂志都促进了生理学中的实验研究。

马让迪 1809 年论文的故事将我们带回到几年前的博丹探险。让·巴普提斯特·路易·克劳德·西奥多·莱切诺特·德·拉图尔(Jean Baptiste Louis Claude Théodore Leschenault de la Tour)，博丹团队中的首席博物学家，在船只经过印尼群岛时生病了。他离开船只来到爪哇岛休息调养。在那里莱切诺特认识了两种起效迅速的植物毒药，当地土著将它们用于狩猎和战争。养好病回船时，他带回了一些毒药样品和相应的植物。来自博丹探险的大部分科学材料后来都被巴黎的自然博物馆收藏，供其博物学家鉴定，但莱切诺特将他带回的植物提取物送给了两位年轻的研究者：刚从巴黎医学界获得医学博士学位的弗朗索瓦·马让迪，和他的朋友兼合作者阿莱尔·拉弗诺-戴利勒(Alire Raffeneau-Delile)，后者在攻读医学学位时曾与圣提雷尔一道参加拿破仑的埃及远征。

马让迪和拉弗诺-戴利勒发现其中一种毒药起作用的速度令人惊诧，他们的发现是马让迪第一篇公开演讲的科学论文的主题，同时也是拉弗诺-戴利勒的医学博士论文的主题(都发表于 1809 年)。这种后来被鉴定为马钱子碱的毒药，当被涂抹在木片上并将木片刺入狗的腿中时，会令狗不断抽搐并最终死亡。这两位医学研究者证明，这种毒药作用于脊髓，引起胸腔剧烈收缩，使得呼吸无法进行，最终导致窒息、死亡。在一匹马、六只狗和三只兔子身上进行的实验都取得了同样的效果。问题是，毒药是如何到达脊髓的。在那时，医生们对身体如何吸收外来物质尚不明确。18 世纪早期认为淋巴系统(组织、器官之间的空间和血管体系，其中循环着透明的、水样的液体，或者叫淋巴液)是主要的吸收渠道，这种观念已经受到法国医生们的质疑，他们论证说，淋巴系统因作用太慢而无法吸收机体必须处理的大量物质。

马让迪和拉弗诺-戴利勒相信，是（血液）循环系统将毒药运送到脊髓。不过，他们用来确定作用途径并进行证明的实验方法，要比他们的结论更具历史意义。在一次引人注目的实验中，马让迪用鸦片将一只狗麻醉，然后割断了它的一条大腿，但留下了重要的动脉和静脉（股动脉和股静脉）。他将毒药注入到断肢中，那只狗很快表现出预期症状，并在十分钟之内死亡。由于毒药只能通过留下的血管中的血液进入那只狗的躯体，于是这个实验证明了毒药的吸收是通过循环系统进行的。一些怀疑者或许会说，血管壁上可能有一些未被发现的非常小的淋巴管，也就是说如早前所论证的那样，淋巴系统——而非循环系统——才是毒药得以扩散的通道。于是马让迪设计了另一个实验。他将一根管子（由鸟羽的羽轴制成）插入股动脉和股静脉，在两端分别结扎，然后移除了中间的所有动脉和静脉。这样血液只能通过那只中空的管道进入躯体，因为没有其他通道留下。马让迪获得了与他早先实验类似的结果。

诸如马让迪和拉弗诺-戴利勒所设计的这些精巧实验，成为生命科学的标准部分。不过在 19 世纪早期，它们代表了不仅能揭示重要信息而且能证明实验方法之力量的开创性探索。由于这些实验经常涉及在动物活体上进行相当可怕的操作，我们推测当时可能会有公众强烈抗议。一些人的确反对这样的实验，不过，大量公众对动物受难表示关注，一直要到 19 世纪末随着人道主义中产阶级价值观进入公共话语后才出现。而在 19 世纪初，斗鸡、斗牛以及极为残忍地对待动物是稀松平常的事，因此动物实验并没有冒犯太多人。

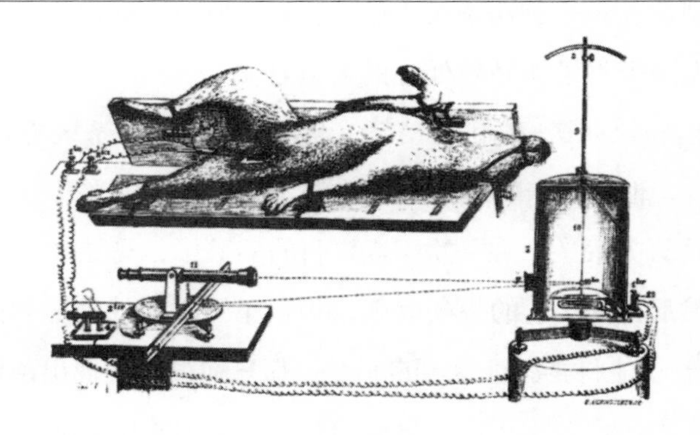

活体解剖与动物的痛苦

19 世纪初生理学中实验方法的使用，为机体功能研究提供了新的可能性。在法国，弗朗索瓦·马让迪和克劳德·贝尔纳（Claude Bernard）开创了活体解剖法，即在动物活体上进行操作以揭示重要的内在过程。在这幅图中，贝尔纳正进行一项测量狗的血管中的血的温度的实验。尽管生理学家们从活体解剖中获得了令人印象深刻的生理学知识，但到了 19 世纪 80 年代，许多公众相信动物为此遭受了极大的痛苦，他们被吓坏了。

生物医学界对动物受苦的普遍迟钝，被那些反对活体解剖的人利用。英国的弗朗西斯·鲍尔·科布（Frances Power Cobbe），从贝尔纳论实验手术技术的一本书中复制了类似上图的插图，并附上来自贝尔纳和其他生理学家的话——这些话暗示科学家们没必要令大量动物遭受痛苦。公众对此的反应是要求政府干预，这导致了几个国家立法限制活体解剖，并保护动物远离痛苦实验。

■ 图片来自 Claude Bernard, *Leçons de physiologie opératoire*（Paris: Baillière, 1879）。

马让迪的影响不仅仅在于生理学中的特定问题，他的实验方法还影响了早期实验药物学和病理学。不过实验生理学完全展示其潜力，是在马让迪最著名的学生克劳德·贝尔纳的努力下。贝尔纳的科学成就使他进入 19 世纪最伟大的科学家之列。他最初是马让迪在法兰西学院（Collège de France）的助手，后来像马让迪一样，成为那所著名院校中的教授，并且是同一教授席位。贝尔纳的出色实验研究为他赢得了最伟大的生理学家之一的名望。他揭示了胰腺的作用，阐明了肝脏的功能，并革新了身体的概念。就方法论而言，贝尔纳扩展了马让迪对活体动物手术或者说活体解剖的使用，他采用了一种"化学解剖刀"，即用一种源自热带植物的箭毒来阻断动物身体中特定部位的功能，而不是只依赖于外科手术。

在这些娴熟的科学家的手中，实验方法迅速表现了解决问题的能力，并促进他们从一个极为不同的视角看待生命世界。这样，生理学领域的研究极大影响了当时的科学观点。在贝尔纳极受欢迎的《实验医学研究导论》（*Introduction to the Study of Experimental Medicine*，1865）一书中，他认为所有的身体现象的出现都有特定的原因，他称这种方法为"决定论"。他认为，决定论应当成为生理学中的指导原则，这意味着研究者应当视身体为一种可以通过使用化学工具和物理工具来理解的机械装置。身体像太阳系一样，是一个规则性可以被发现的体系，生理学有可能成为一门像物理学一样的严格科学。

贝尔纳也与数世纪以来参考某个特定器官来理解功能的医学传统决裂。相反，他的"普通生理学"（general physiology）提出，功能源于一套整合的系统，而非单一器官。在更广泛的意义上，既然对功能这一所有生物的特征的研究属于生理学领域，贝尔纳相信这一领域——或者说"生物学"（biology），如19世纪早期一位极具影响力的法国哲学家奥古斯特·孔德（Auguste Comte）所称呼的那样——将揭示生命的法则。

生物学是一个自19世纪初开始使用的术语，用来描绘一种与博物学所构建的整体图景相对的统一的生物观，它不再追寻动植物多样性中的秩序，或者对有机体的整体分类，相反，生物学追求它所认为的更基本的法则，这些法则描绘了所有生物的基本功能（比如营养）的特性。由于它们与实验方法的关联，这些法则声称比博物学更严格、更像物理科学。新的学会，比如贝尔纳所在的生物学学会（Société de Biologie），以一门新生命科学作为他们的目标，它将超越医药的应用世界和博物学的老旧的、落满灰尘的世界。生理学研究的惊人成功燃起了人们的希望，认为这门新知识将为高效医学和综合生命理论提供基础。

实验生理学的发展很快就传播到其他国家。这项研究在德国的发展尤其产生了持久的、重要的结果。最著名的“1847 小组”（1847 Group），由一群年轻的研究者组成，他们致力于以完全机械的、物质的方式来理解生命，也就是说，他们渴望依据物理学来解释生物学功能。他们严格的、分析式的探索表明，物理科学技术和新技术工具在理解机体方面具有重要价值。后来，他们意识到他们要将生命完全还原为物理学一个分支的青春热忱太过于雄心勃勃，并且有些不现实，不过他们各自的研究无论在数量还是质量方面都取得了卓越的成就。到了 19 世纪中叶，得益于这种实验室科学在新生的德国大学体系中的制度化，生理学研究的数量迅速增长。19 世纪中叶后，它继续在德国以及法国、英国的著名大学中扩张。

生理学研究极大地影响了对机体的整体观念。在 19 世纪初期，德国博物学家和哲学家们就推测生命中存在一种基本单元。那些拥护医学生理学的机械物质解释的德国科学家们采纳了这种观念，并利用技术创新（比如在显微镜上使用不会扭曲图像的镜片）详细阐述了一种基于基本单元——也就是细胞——的机体观。马提亚·雅各·施莱登（Matthias

Jacob Schleiden）利用植物材料，西奥多·施旺（Theodor Schwann）利用动物例子，勾勒了基本的细胞理论：机体可以被理解为一个有组织的细胞体系，生命机能源于细胞内发生的化学反应。这一理论发展的顶点在达尔文的《物种起源》发表前一年出现，当时德国科学家鲁道夫·微耳和（Rudolf Virchow）发表了《细胞病理学》（*Cellular Pathology*, 1858）。这一演讲集（演说最初于同年在柏林发表）依据细胞和细胞活动描述了一幅完整的机体图画，既包括健康也包括疾病。微耳和这一里程碑式的综合促使许多生命科学家相信，细胞层次是对生命世界进行概述的恰当层次。对微耳和与其他人来说，生命科学家的目标应当是揭示生命的法则，而不是“过时的”分类和推测性地寻找自然中的秩序。

法国和德国的生理学思想在关于生命的基本推测方面有些不同。许多德国科学家接受了一种唯物哲学，将生命的所有功能视为源于机械的和物质的原因，而他们的法国同伴一般对我们了解生命的“终极”本质的能力持有怀疑。不过德国和法国的生理学家们有更多的共同之处，他们都极为信奉实验方法。他们也都对达尔文的进化理论以及宣称它综合了我们关于生物世界的知识这样的声明怀着矛盾心理。

生理学传统有一种不同的取向，使得那些身处其中的人难以理解达尔文的成就。对诸如克劳德·贝尔纳这样的法国实验室科学家来说，达尔文的理论缺乏科学证明。那些专注于生命机能的当前活动的生理学家们，无法评价这种讨论地球上生命历史的论证。居维叶在博物学中的持续影响，加上生理学家们的怀疑，使达尔文对19世纪的法国科学几乎没什么影响。

德国的唯物论者们在他们严格的、分析性的探索中看到了向着理解生命前进的道路，他们认为达尔文的理论是向着早前推测性观念的倒退。即使那些对生命随时间的累积性发展这一观念持同情态度的人，比如微耳和，也认为达尔文水平的综合不恰当；生命研究的大综合看起来更可能在细胞层次出现，而非在宏大的生命史层次，因为其大部分的细节将永远不被人所知。

生理学与博物学

生理学传统对博物学的意义远不只在于最初它对达尔文理论持有敌意。它代表了生命科学中的一种富有竞争力的传统，不仅主张它的视角在阐明生命本质方面更有价值，而且还声称它值得占据更多的制度资源，因为它具有更优越的智识主张，并且对医学和农业具有潜在实用价值。

比如，考虑一下19世纪末巴黎的生理学与博物学之间的敌对。在前半个世纪中，自然博物馆是生命科学领域的首要机构。正如在第二章中讲述的那样，原来的皇家花园在法国大革命期间被重组为全新的国家自然博物馆。曾经专制的、全权管理皇家花园的“皇家总管”被取代，一个权力较小的、由教授们逐任选举的馆长开始领导博物馆。更重要的是，博物馆设立了12个“教授—管理员”职位，以取代原来的皇家收藏监护人和一系列植物学、化学和解剖学讲席。那些教授的研究领域体现了新出现的、不久将成为所有自然博物馆特征的专业化。后来，博物馆创设了独立的教授席位以应对更加专业化的分支。

自然博物馆职位的历史反映了生理学与博物学之间的战争。在1837年之前，随着博物学收藏的扩大，新的职位被设立。但之后40年所设立的那些教授职位反映了向实验工作的转变。在19世纪80年代和90年代，博物馆增加了7个实验课题方面的教授席位和10个与博物学收藏相关的席位，而即使在那10个教授席位中也有些研究者进行实验研究。博物学家王国的核心似乎已为被"生物学家"接管做好了准备。

正如机构内部对立所显示的那样，一系列更能说明问题的事件反映了博物学相对于实验生物学的地位。一直到19世纪中期，自然博物馆都是巴黎致力于生命科学研究的中央机构。但从19世纪50年代开始，大概在博物学受到挑战的同时，由于法兰西学院和巴黎大学科学系（Faculty of Sciences at the University of Paris）的生理学项目的发展，自然博物馆面临着越来越激烈的竞争。科学系建立了巴黎的第一个生理学教授席位。随着19世纪的进展，科学系的规模和重要性都在增加，最终取代了博物馆，并促进了科学资助和职业模式的变革。

到了19世纪末，博物馆的教授们试图通过在法国殖民地扩张中发挥作用来复兴博物学。教授们协助鉴定当地的植物群和动物群，并就引进新的栽培作物和动物提供建议。这一努力只获得了部分成功。它将博物馆内部的权力扳回到博物学家的手中，但代价昂贵。博物馆逐渐将生理学留给了法兰西学院和科学系，同时却未能在殖民事业中维护自己的重要性。

从有利于知识的角度来看，生理学和博物学并不必须成为竞争者。在18世纪期间，博物学家并未感到研究自然秩序和探索机体功能之间存在张力。到了19世纪，海克尔才华横溢的综合图景将达尔文的理论与德国的生理学传统整合到一起（参见第五章）。海克尔认为，生理学可以解释个体的机能运行，比较解剖学可以揭示形态的模式，但两者都无法提供一幅完整的图景，因为它们都无法解释形态和功能的起源。在海克尔看来，达尔文弥补了那个缺口。不过，海克尔所打造的思想聚合体只获得了有限的接受（主要是在德国）。

潜在的综合

尽管博物学和生理学两大传统并不一定要处于彼此的对立面，但它们却经常处于这种状态。对资源的竞争使这一冲突恶化了。到了19世纪末，生命科学领域的变革使各个独立传统的综合成为可能。

实验生理学的崛起和它遍布从巴尔的摩到基辅的科学界的劲头，给博物学家留下了深刻的印象。于是他们力图将实验方法引入到博物学中有棘手问题或者可能提出有益新问题的地方。在几十年的时间中，生物科学领域发生了一场革命。机构变革强化了知识趋向。尽管到世纪末时对进化的研究仍一片混乱，但依然有一些研究结果使得构建一幅综合的生物世界图景看起来更加现实。尤其是，遗传学和胚胎学研究取得了重大进展。

从冯·贝尔的时代起，胚胎学就对博物学很重要，并在分类和比较解剖学的讨论中占据着中心地位。在显微镜和显微技术进步的帮助下，细胞理论寻求从细胞活动层面解释生命现象，它改善了进行研究的概念和实体工具。在胚胎学中使用实验方法极大扩展了该学科的能力。一位德国博物学家安东·多恩（Anton Dohrn），在引入这些方法时发挥了巨大作用，他于1872年创建了那不勒斯动物学研究站（Naples Zoological Station）。作为海克尔曾经的学生，多恩设立动物学研究站以方便常年研究来自南意大利温水水域的动物。

动物学研究站的研究者们从19世纪80年代开始用实验研究来阐明胚胎学中的特定问题。威廉·鲁（Wilhelm Roux）和汉斯·德里希（Hans Driesch）进行的实验是最著名的。两位科学家的工作主要是为了评估胚胎在何种程度上作为一个自我分化的体系运作，而不是一个对环境条件做出反应的自我调节体系。鲁在一系列经典实验的基础上提出，发育胚胎的细胞分化是因为内部因素，并非是对外界物质刺激的回应。

在一次实验中，鲁转动鸡蛋使较重的那头朝上，以证明它们被颠倒后仍然能正常发育。他相信这驳斥了那种认为蛙卵的朝向在其发育中构成了决定因素的观点。在另一个实验中，他刺穿并毁坏了蛙卵第一次分裂后产生的两个细胞（卵裂球）中的一个，然后观察存活的畸形胚胎——也就是说，存活的那部分卵裂球会继续发育，进入到囊胚阶段或下一个（原肠胚）阶段，就好像另一半未被毁坏一样。鲁用这样的实验论证说，发育并不像很多人相信的那样，在于细胞之间或细胞与环境之间的交互作用，相反胚胎发育遵循一种定性分化，细胞从亲本细胞中接受的某种微粒决定了它们的命运。这一“镶嵌”发育理论表明，若假以时日，研究者们将能从最初的受精卵追踪每一个分化细胞的历史。

鲁的工作有助于普及利用实验方法来解决胚胎学中的问题，他将这一研究领域称为**发育机制**（developmental mechanics），也就是研究形态发育的物理和化学原因。新领域强调提出有趣的、可通过设计实验给出答案的问题。与徒劳无功的推测相反，这一途径确保能帮助科学家们获得有效的结论。

尽管发育机制的实验方法是一个强大的工具，但它并非是一种神奇的万灵药。这可以从汉斯·德里希的研究中看出——他的实验结果与鲁的结论相矛盾。在一系列与鲁的实验相平行的实验中，德里希选用海胆卵，将其两个卵裂球细胞分开，而不是像鲁那样毁坏其中一个。他发现每一个卵裂球细胞都产生了一个一半大小的囊胚。每个细胞看起来都有进一步发育的潜能。德里希得出结论说，发育胚胎比鲁所相信的更具可塑性，它会对环境做出反应。这与鲁的镶嵌观点是矛盾的，后者认为细胞分裂导致遗传物质不均衡地分配，其结果是细胞由于具有不同的遗传物质而变得越来越分化。德里希并没有接受鲁所强调的纯粹物质解释，他后来拥护一种"活力论"解释，认为一种"隐德来希"（entelechy，据称是一种力或者一种活力作用因素）指导了有机体的发育。随后是一场相当激烈的辩论。

尽管鲁和德里希之间的分歧仍在继续，但他们的研究向其他人证明了实验方法在探索自然时的价值。那不勒斯实验室的博物学家们研究发育的早期卵裂阶段，来自世界各地的访问科学家们受到了这些令人兴奋的研究的感染。比如，两个美国人 E. B. 威尔逊（E. B. Wilson）和托马斯·亨特·摩根（Thomas Hunt Morgan）在那不勒斯学习，并将他们所学到的技术带回了美国。这些学习成果与他们的观察技能相得益彰。威尔逊和他的同事们通过一系列开拓性的细胞谱系研究，将对同源性（指具有相同胚胎起源的结构，这是形态学中的一个传统课题）的搜索一直扩展到细胞层次。这些细胞谱系研究将细胞分化的历史追溯到最初的卵细胞分裂。利用新方法来确定胚胎发育极早期阶段的同源性，使得对胚层的研究更进一步。其他领域也遵循了相似的模式，因为实验技术与博物学观察实践的结合拓宽了研究者的选择范围。

生物学实验室

实验室在大学生命科学教育中的引进改善了教学，并在大西洋两岸都成为标准。这一模式广泛传播。照片中显示的是俄勒冈农业学院（后来的俄勒冈州立大学）的一间教学实验室，它设立于19世纪80年代。

■ 图片承蒙俄勒冈州立大学档案馆提供（Oregon State University Archives, P25: 5）。

正如胚胎学一样，以解释从亲本到后代性状传递为目标的遗传研究，也因实验方法所带来的知识和观点而经历了重大变革。科学家们根据达尔文的进化理论进行遗传研究；进化理论意味着存在一种将个体变异从一代传向下一代的方式。达尔文就这个主题写了两卷本的著作《家养动植物的变异》（*Variation of Animals and Plants under Domestic-aiton*, 1868），在其中他提出了一种与进化论视角兼容的生殖理论。他的“泛生”（pangenesis）假说推测机体在整个生命周期都会产生**泛子**（*genmmules*），以此来解释生殖。雌雄双方最终通过这些假想的遗传粒子对生殖做出贡献。泛子概念使达尔文能解释个体变异如何可以传递，并使他能包容这一观念：有机体一生中所获得的性状可以被继承，从而加速适应过程。许多科学家试图扩展这一假说，但很少成功。

细胞理论最初并不同意达尔文的假说，即机体的最小单元散发出泛子，这些泛子被集合在精液中。因为细胞理论假设细胞来源于原始细胞，而非细胞散发出的粒子。鲁的胚胎学假设细胞物质组分有定性分区，与泛生理论并不吻合；此外，强调发育所在环境重要性的胚胎学观点与泛生理论也不吻合。不过，细胞理论最终却支持了泛生理论。达尔文在德国的一个主要支持者奥古斯特·魏斯曼（August Weismann）提出了一个重要理论，将细胞学所获得的知识纳入了进化视角。此外，他的理论还促进了遗传研究的重新定向。

魏斯曼的理论建立在细胞研究中那些令人兴奋的发现和实验上，尤其是受精研究。他在构成了大部分躯体的细胞（体细胞）和那些包含遗传物质（种质）的细胞之间做出了基本区分。体细胞并不影响种质，因此有机体生命期间获得的任何机体上的改变并不能传递给下一代。魏斯曼宣称，种质包含了复杂的名为**生原体**（*biophors*）的化学物质，它调节每个细胞的形态和功能。生原体接着又被组织成名为**决定子**（*determinants*）的单元，控制细胞或细胞群，决定子又合成了可以组织整个有机体的**遗子**（*ids*）。

魏斯曼的理论认为，遗传物质中的一种物质连续性可以代代留存，并且这种物质由离散单元构成。魏斯曼相信他的理论支持达尔文的进化论。来自双亲的遗传物质的混合确保了有大量变异可供自然选择起作用。尽管其他理论最终胜出，但魏斯曼对分离的、物质的遗传单元的强调对遗传研究的重新定向至关重要。

这样，到了19世纪末，生命科学中出现了一种古怪的局面。曾经独立的传统，博物学和生理学，走向了综合。曾经是生理学特征的实验方法不再只意味着对功能进行研究，它已成为探索博物学众多传统主题的一种重要渠道。科学家们越来越多地讨论对进化论、形态学、遗传和发育的实验性探索，不过整体的综合仍然难以取得。

在很大程度上，未能综合整个生命科学领域这一失败反映了最有可能提供这一综合的那个理论的困境，即进化理论的困境。达尔文赢得了战争，却失去了他最重要的战场。尽管生物学界广泛接受了进化思想，并且生命科学领域的许多人视它为理解生物世界的统一线索，但在它如何运作上并没有达成一致意见。达尔文对自然选择的依赖几乎没什么支持者。弗农·凯洛格（Vernon Kellogg），一位赞同达尔文理论的美国博物学家，在世纪之交描绘了他身边那些人的惊慌失措。这本名为《今日达尔文主义：论当今对达尔文选择理论的科学批评，并简述其他主要的备选物种形成理论》（*Darwinism To-Day: A Discussion of Present-Day Scientific Criticism of the Darwinian Selection Theories, Together with a Brief Account of the Principal Other Proposed Auxiliary and Alternative Theories of Species-Forming*，1907）的书评论了那些广泛多样、可供选择的进化论立场。生命科学不同分支中知识的增加看起来令局势更糟而非更好。

生命科学领域缺乏综合并不意味着这些学科处于静止状态。大的研究领域重新调整，对博物学传统产生了重要影响。专业化使得许多研究者用新的学科主题而非传统术语来界定他们自己。随着细胞学、胚胎学和遗传研究变得越来越制度化，较老的"博物学"类别和"博物学家”这一名称开始在意义上发生转变。那些运用实验方法且通常在实验室、研究所和大学院系工作的研究者拒绝使用“过时的”**博物学**标签，而是使用可以表明他们专业领域的新术语（比如**胚胎学**）或者另外一个统称，比如**生物学**。**博物学**和**博物学家**指的是馆藏或者田野中的工作和工作者。博物学逐渐与系统分类学、进化形态学（也就是，对种系发生、进化历史的建构）和分布研究相关。

让局势变得更加混乱的是，贝尔纳和孔德原本使用**生物学**这个术语来指研究生命世界的生理学进路而非博物学进路，但教育者们不再在这个意义上使用这个术语。比如，赫胥黎早在19世纪70年代就提议，科学和医学教育应当包括对生命的全部研究。他称这一广阔的领域为**生物学**，并且他相信，生物学应当考察从细胞到进化的所有一切。赫胥黎努力创建注重科学课程的新教育机构（并改革旧的机构）。他在皇家矿业学院（Royal School of Mines）的工作极大影响了科学教育；在他的带领下，皇家矿业学院扩张成为一所科学学院和训练科学教师的机构。作为生物学系的系主任和教授，赫胥黎强调一种亲自实践的实验室式的生物学教育。他对英国课程的影响极大改变了英国的主要院校。

赫胥黎呼吁扩大科学教学并对它进行重组。他尤其坚持在学校教授“生物学”。赫胥黎认为**博物学**是个过时的术语，已经被太多人以太多方式使用，因此应当被取代。博物学中深入的专业化已经产生了太多的独立分支：对鸟类、鱼类、矿物、植物等的研究。而且，科学家们在研究这些有机体时使用不同的路径：比如形态学、生理学和胚胎学。赫胥黎想要有一个新的术语来描绘这种对生命现象之总体性的研究，而在他看来，**生物学**似乎是最恰当的。他对教育改革的参与促进了这一术语的传播，相应地，对**博物学**这一标签的使用减少了。

赫胥黎的思想越过了英格兰的边界。部分受他的影响，当约翰·霍普金斯大学于1876年在马里兰的巴尔的摩开始培养生物学研究生时，它既雇用了一位生理学家（是赫胥黎的一个学生），也雇用了一位形态学家，以建立基于实验室的研究生项目。美国的本科生教育改革对使用**生物学**一词来指代一个统一的科目有着最重要的影响。部分是为了给学生进行医学学习打下基础，并支持科学化医学中的研究，美国有几所大学于19世纪30年代创建了生物系，将几个生物科学领域的专家聚集到一起。

这些新生物系由年轻的研究者组成，他们都受过最新的方法训练，倾向于强调生物学中令人激动的新领域，尤其是实验科学。那些对传统博物学——也就是分类和命名——感兴趣的生物学家，都集中到了博物馆。这一趋势在19世纪末的美国已变得明显，在当时的大西洋对岸则弱一些；它到了下一个世纪显著加快，并对博物学的声望产生重大影响。

尽管博物学开始在大学里被边缘化，但它仍维持了强健的公共形象。隐藏在表面之下的碎片化，很少被那些涌向博物馆的人群或成千上万的流行博物学读者注意到。实际上，博物学传统在19世纪末进入了它的黄金年代。

第七章

维多利亚时代的魔力：
博物学的黄金时代，1880~1900

1882 年的复活节，美国最著名的移民之一大象金宝（Jumbo）抵达纽约。它时年 21 岁，是当时人类圈养的最大的非洲象，重约 6 吨，站起来有 11 英尺之高（约 3.4 米）。之前的 17 年它为伦敦动物园吸引了大量游客并令他们着迷，成千上万名孩子乘骑过它（其中包括年幼的温斯顿·丘吉尔），并且它还受到了维多利亚女王和皇室家族的宠爱。的确，当女王发现金宝被卖掉后，她与各科学学会的成员和公众一道进行了强烈抗议。伦敦报纸也抗议这一交易，伦敦动物学学会的几名成员还试图请求一纸法庭禁令，以阻止伦敦这位最著名的非人类居民迁居。

往伤口上撒盐的是，伦敦动物园将金宝卖给了 P. T. 巴纳姆（P. T. Barnum），那个"粗俗的美国马戏团老板"，他之前经营纽约的一个可疑的私人博物馆（为了利润），现在正四处宣传"P. T. 巴纳姆——地球上最棒的演出团"：一个配备有三个吊环和一个秋千、巡回展览异域动物的马戏团。巴纳姆或许没有伦敦动物学学会成员的教育或专业知识，但他了解公众及他们对来自异域的新奇博物学的渴望。他为购买和运输金宝共花费了3万美元，而这位“地球上最棒的演出团”的明星则给他带来了多于其花费数倍的回报。

不过，表演并没有持续很久。三年半后，金宝遭遇了一场致命的事故，当时它刚在安大略省圣托马斯（St. Thomas，Ontario）表演完，正走向自己的轨道车，结果被一列事前未经安排的货运车撞上了。即使在死后，金宝仍继续带来收入。来自纽约罗切斯特（Rochester）一家博物学标本供应室的动物标本剥制师们，将金宝的骨架和皮肤制成标本，由巴纳姆向那些充满敬意的观众展示。金宝的骨骼最终安息在纽约的美国自然博物馆，巴纳姆将象皮标本送给了塔夫斯学院（Tufts College）的博物馆。当塔夫斯学院将那座博物馆改造成学生休息室时，金宝仍然在那里（据说学生们会在它的象鼻上放上一枚硬币以祈求考试好运），直到1975年一场大火将整个建筑连同它一起烧毁。金宝虽然已经离开，但它并未被遗忘，因为塔夫斯学院（现在已是塔夫斯大学）仍然将它作为自己的吉祥物。

相关的门票收入、杂志文章、儿童书籍和纪念品证明了金宝曾引起公众多么大的兴趣，不过这只反映了公众对博物学兴趣和支持的一个方面。到了20世纪初，这一支持达到了惊人的规模。受到政府支持和私人资助的大学、研究所和实验室推动了各种研究。国家、市政和法人团体建立了规模前所未有的博物馆、动物园和植物园。根据对政府支持和私人资助的考察，大部分观察家认为博物学进入了一个黄金时代。

还有其他因素促进了这一看法。博物学信息的增长使得大量令人印

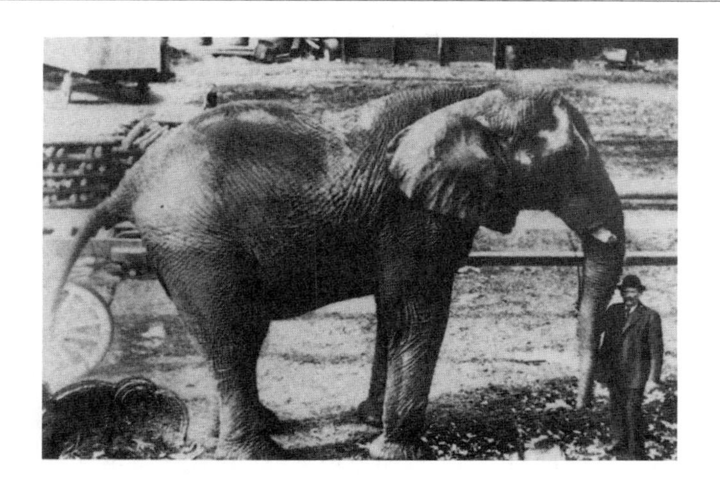

金宝（Jumbo）

如果要为博物学寻找一位空前的海报明星的话，那这个荣誉非金宝莫属了。这头巨大的非洲象在19世纪70年代令伦敦动物园的游客们兴奋不已，后来成为P. T. 巴纳姆“地球上最棒的演出团”的明星。与这个动物有关的所有事物都是巨大的——从它的胃口，到将它从伦敦动物园运送到前往美国的轮船的箱车。1885年它在加拿大被一列货运车撞死后，共动用了160个人来移动它的遗体。的确，现代英语中常用“jumbo”这个词来表示某物尺寸惊人（从虾到喷气式飞机），都是源于这头大象对公众想象力的冲击。

金宝的名气反映了公众对异域动物的兴趣和充分利用了这一点的高明市场营销。诸如P. T. 巴纳姆这样的马戏团老板，他所依靠的正是吸引了19世纪成千上万名游客前往自然博物馆、动物园和植物园的同样魅力。这一魅力的现代表现形式是自然类电视节目和博物馆的大型表演。

■ 图片承蒙康涅狄格州布里奇波特公共图书馆历史馆藏（Historical Collections, Bridgeport Public Library, Connecticut）提供。

象深刻的出版物成为可能。名录、专著、学术论文和流行自然作品都证明了这一领域的强健。欧洲殖民扩张鼓励许多人将对自然的不断“征服”

视为其全球实力的又一维度。正如展示“原始”人及其文化的博览会和博物馆展览强调了欧洲大国的文明使命并使对无数非洲人、亚洲人和拉美人生活的入侵正当化一样，公开展出世界上被征服的栖息地也是在提醒欧洲，它有责任科学地记录那些大片的“处女地”。

博物馆

没有什么比19世纪末自然博物馆的构建和扩张更能显示博物学的荣耀了。来自几种不同渠道的支持一起创建了这些伟大的建筑。地方支持者、公众教育拥护者、自然资源保护论者、帝国主义者和自然爱好者在促进“科学教堂”的建设上找到了共同语言。这些博物馆今天仍然是重要的旅游景点。

位于伦敦西部南肯辛顿（South Kensington）的大英自然博物馆，最早于1881年开放。这座新建筑的一大部分被用来陈设位于布鲁姆斯伯里（Bloomsbury）的大英博物馆的博物学馆藏，这种公共展览既吸引人又富于教育性，观者蜂拥而至。如此大规模地对公众开放并非大英博物馆的传统。它最初位于蒙塔谷大厦（Montagu House），这座大厦被英国政府买来安置汉斯·斯隆爵士（Sir Hans Sloane）于1753年死后留给国家的大量藏品。博物馆雇用了科研人员来管理那些博物学标本。这些标本管理者对向公众开放博物馆藏品没什么兴趣。政府最初也没有做出任何开放藏品的努力。

当蒙塔谷大厦无法再容纳下大英博物馆时，后者于1852年搬到了一座美丽的新建筑（紧挨着蒙塔谷大厦）中，但它所分得的空间仅能容下一半的博物学藏品；这座建筑也收藏文物、手稿和书籍。部分博物学藏品可以被用于公开展览，并被学者、博物学家、艺术家、教师和有限数量的公众查阅。不过，藏品规模的增长很快就意味着这座建筑不堪重负。于是，自1856年起担任博物学部门主管的理查德·欧文积极推动创建另一座国家自然博物馆。欧文成功地在南肯辛顿建立了一座宏大的建筑。这座雄伟壮丽的建筑拥有令人印象深刻的研究设施并举办大量的公共展览，从而吸引了大量的游客。

自然博物馆对公众的大量开放，反映了其藏品的一个新功能。当时的大部分自然博物馆主要用于满足研究需要；不断深入的专业化加强了标本管理者的职业化倾向，他们认为这些藏品应当专供严肃的博物学家使用。不过，博物学展览一直对公众有着不可抗拒的吸引力。正如之前所说的那样，18世纪的博物学珍奇柜属于时尚界，绅士或者贵妇们收集它们是为了展示。从欧洲到美国，那些有进取心的人已认识到私人博物馆和博物学展览有利可图。在19世纪初期，一具95英尺（约29米）高的鲸鱼骨架在伦敦吸引了大量观众。好奇的人们付费以获准登上那个修建于鲸鱼胸腔内的平台，上面有一支小型乐队在演奏音乐。当时的人们将此视为社交季的一大亮点。

尽管公开展示自然界的奇事异物能吸引大批的观众，但其科学价值却是很可疑的。在1822年的伦敦，一天中会有三四百个人前往圣詹姆斯街的特夫咖啡馆（Turf coffeehouse on St. James Street），观看所谓的美人鱼木乃伊，每人需为此支付一先令。竞争对手很快就出现了，伦敦的另一条时尚街斯特兰德（Strand）上展出了一条男性人鱼。后来因马戏团而成名的P. T.巴纳姆，嗅到了公众对吸引眼球的展览的渴望。1841年，这位企业家借债购买了纽约的一家私人博物馆，查尔斯·威尔森·皮尔

(Charles Willson Peale)博物馆，并很快对它进行扩充。巴纳姆将一个小演讲室改造成一个能容下3000人的剧院，举办了诸如《汤姆叔叔的小屋》(*Uncle Tom's Cabin*)这样的演出。他的表演技巧和广告才能为他吸引了大量的观众。"巴纳姆的伟大的美国博物馆"许多年来成功地吸引了大批公众，直到1868年毁于大火。尽管巴纳姆的收藏中包括了许多有科学价值的藏品，但他在自传中承认，他在美国频频用来为他的博物馆做广告的那个标本不是别的，正是来自特夫咖啡馆的美人鱼。

考虑到公众对流行博物学的品味与那些引起轰动的展览之间的关联，人们就能理解为什么大英博物馆的一些董事对这一想法持保留意见：博物馆除了用于研究外，还应当有公共的一面。不过，博物馆管理者的普遍观念是，私人博物展览肤浅娱乐、吸引眼球的那一面，不应当与公共教育混为一谈。新的大型博物馆的董事们坚信，藏品应当被用于教育目的。位于纽约的美国自然博物馆自1868年初建以来，就强调教育公众是它的首要目标之一：自那以来，每年都有成千上万名小学生前来参观。

大英自然博物馆或许是当时最著名的，不过它只是许多进行了扩建和重组的流行自然博物馆中的一个。巴黎博物馆于1889年将它的动物学藏品迁移到一座新建的富丽堂皇的建筑中，同一年，豪华的帝国自然博物馆(Imperial Natural History Museum)在维也纳开放。纽约的美国自然博物馆和作为华盛顿特区史密森学会(Smithsonian Institution)一部分的国家自然博物馆(National Museum of Natural History)，率先推出了置身于自然生境的成群动物绘画。这一实践由纽约的商业动物标本剥制师，罗彻斯特的亨利·沃德(Henry Ward)开创；金宝的象皮标本也正是由他制作。所有这些重要的博物馆都接受了这一哲学，即藏品应当满足研究和公众教育的双重功能。

到1900年时，德国已经有150座自然博物馆；英国，250座；法国，300座；美国，250座。自然博物馆也在欧洲和美国之外的地方大量出现：开普敦、孟买、加尔各答、蒙特利尔、墨尔本、圣保罗和布宜诺斯艾利斯，都开设了基于当地藏品的博物馆，并且从欧洲的大商业公司购买标本。

对公众而言，他们对博物馆展览的热情常常令他们觉察不到博物馆内部所进行的大量科学研究。大型博物馆有致力于研究其藏品的专业部门。这些机构也出版学报、期刊和名录，以及手册、指南和杂志。大英自然博物馆的臭虫小册子共经历了八个版本（最后一版发表于1973年；它仍然推荐用已被禁用的DDT来控制臭虫）。1900年开始于纽约自然博物馆的《美国博物馆杂志》(*American Museum Journal*, 1919年重命名为《博物学》)，至今仍然是一本流行杂志。

博物馆的活动远不局限于展览室和研究室。它们资助重要的采集探险活动，并与能扩展科学领域采集的政府和私人远征合作。巴黎博物馆在19世纪初曾派遣博物学家出去采集。一直到世纪末，这些博物馆都寻求资金以进行探险，或者彼此竞争以获得私人探险家和政府赞助的远航所带回的标本。查尔斯·威尔森·皮尔在他著名的费城博物馆中使用了刘易斯和克拉克探险带回的许多材料。雄心勃勃的威尔克斯远征（Wilkes Expedition,1838~1842)，从太平洋、南极和俄勒冈地区带回了55,000余种植物标本和4000种动物标本，为美国第一座国家博物馆奠定了基础。从19世纪50年代起，所有的政府勘测都为这座国家博物馆收集标本，此时它已成为隶属于史密森学会的国家自然博物馆。

19世纪末英国进行了最著名的探险，皇家海军军舰"挑战者"号（HMS *Challenger*）于1872年圣诞节前不久出发，进行了为期三年半的航行，以探索、考察深海的所有方面。它共航行了将近7万英里（约11万千米），带回了13,000种动植物（还有水体样本、海底沉淀物等）。尽管"挑战者"号远征主要因它为一门新科学——海洋学——建立了框架而获得声誉，但它也对海洋博物学做出了贡献。1880年到1895年间发表的15卷巨著《皇家海军"挑战者"号航行的科学结果报告》（*Report on the Scientific Results of the Voyage of H. M. S. "Challenger"*），一大部分都是对在海洋表面捞取或采集的标本进行的动物学研究，这份报告代表了许多博物学家的共同努力。新生物学材料的数量吸引了世界范围内顶尖博物学家的注意。比如，德国科学家恩斯特·海克尔发表了3卷本的著作，研究此次航行所采集的美丽而极小的海洋原生动物（放射虫）。诸如大英自然博物馆这样的大型博物馆的专业人士承担了海量的分类学工作，包括鉴定新物种并考虑其对系统分类学的重要性。

新的技巧和技术提升了传统采集之旅所能获得的成果。20世纪初的摄影、电影和录音技术不但使得采集者不需要像前辈那样轻率地破坏栖息地就能获得有关栖息地的知识，而且也使得行为研究成为可能。摄影提供了一种"捕捉"方法，可以在充分深入体验的同时保护环境。卡尔·艾克里（Carl Akeley），美国自然博物馆的一位著名的动物剥制师，于20世纪20年代率先在博物学中使用摄影机。他的工作使博物学变得通俗化（尽管是以一种相当拟人的方式，也就是将人的动机投射到动物身上），并为动物行为学、逆境生理学等领域开创了新的研究路径。

大英自然博物馆

像巴黎的国家自然博物馆一样，大英自然博物馆在博物学历史中有着重要地位。其馆藏的规模、公共展览的吸引力和它在探险中的作用都帮助确立了它作为一座伟大自然博物馆的声誉。然而，在10年前，英国政府曾考虑关闭馆藏，因为维护它们需要大量费用。

并不是只有大英博物馆受到过威胁，世界上的博物馆都曾为它们的命运担心，政府和管理董事会无法不仔细衡量运转这样的大型机构所需要的花费。跻身19世纪末主要公共景点的它们，在今天的文化消费者看来有些过时。不过，经过充满想象力的馆员和博物馆委员会的努力，这些伟大的自然博物馆已获得了新生。富有创造力的展览将馆藏与最近的科学成果关联起来，这些馆藏作为生物多样性知识的贮藏库而具有价值。博物馆仍然挤满游客，孩子们面对恐龙发出的惊叹声仍然回响在大厅。

■ 外部照为作者拍摄；内部照承蒙伦敦自然博物馆提供（拍摄者:W. Kimpton, 1906）。

动物园与植物园

与博物馆的发展相平行的是著名动物园与植物园的兴起。正如博物学藏品一样，这些机构已经存在了数个世纪，但直到19世纪才开始盛行。不少动物园和植物园由此声名大噪，其中伦敦动物学会的动物园成功地吸引了大量观众。

斯坦福德·莱佛士爵士（Sir Stamford Raffles）利用他的社会和政治影响力，协助建立了（伦敦）动物学会。莱佛士于1824年返回英国，之前他有过一段辉煌的殖民地事业，先是在东印度公司就职，后来担任苏门答腊明古鲁省（Benkulen）的总督。在供职东印度公司期间，他鼓励博物学家采集标本，扩大对当地动植物群的知识。不过他回国的航行却很不幸：他的船在起航不久后就着火了。尽管他和他的家人逃过一劫，但大量的博物学藏品、笔记、插图和活标本都未能幸存。

像其他遭遇了类似灾难的博物学家一样，莱佛士并未被吓倒。在返回英格兰后，他继续努力促进博物学。他的经历使他强调异域物种对国家馆藏的价值，以及更重要的，他认为它们可以给动物园增添一种帝国气势。动物学会的收藏标本应当反映大英帝国的动物群。实际上，莱佛士和该学会的几名元老认为，该机构的一大重要功能是进口可能被驯化并用来充实贵族地产的异域狩猎动物（主要是飞禽）。

不过，伦敦动物学会后来向另一个方向发展：大众的、公共的动物园。这座位于伦敦摄政公园（Regent's Park）的动物园的流行证明了博物学对公众的巨大吸引力。在开放的第一年，动物园就有13万游客；这一数字在接下来的10年间增长到了25万。最初园长们对伦敦动物园的期望是精英式的。他们为那些能够理解标本科学价值的人而运营动物园，并将进入权限限制在学会会员内部和那些能（通过付费）获得一位会员邀请的公众之间。

1847 年接管动物园的大卫·米切尔（David Mitchell）想方设法吸引观众，他汲汲于寻找引人注目的藏品，并进行大量的广告宣传，由此获得了成功。比如，在 1850 年，动物园获得了一头河马，吸引了大批观众并俘获了媒体的想象力。米切尔还说服动物学会的委员会同意让任何愿意支付门票的人访问动物园，这种更自由的规定显著扩大了观众面。到 19 世纪 80 年代，游客的数量达到了每年 6 万多人。尽管动物园的管理偶尔也会令公众不快——比如当它同意 P. T. 巴纳姆购买金宝时——但它总体上的成功有助于促进其他动物园和动物展览的发展。

在英吉利海峡的另一边也出现了一个成功的学会：动物驯化学会（Animal Acclimatization Society），它更加充分地体现了莱佛士的殖民目标。该学会建立于 1854 年，以促进引进、驯化、豢养有用的或装饰性的动物为目标。它成长迅速，1860 年在巴黎创建了一个令人惊叹的新动物园，驯化动物园（Jardin zoologique d'acclimatation），这是该学会最著名的冒险。像伦敦动物园一样，驯化动物园获得了巨大的成功，直到今天都仍然是著名的旅游景点。

部分由于强调驯化异域物种，这个驯化动物园允许游客与动物互动。动物园为小学生提供动物骑乘、“实践”教学，甚至购买标本（活的或烹饪过的！）的机会。管理者们还开办各种新颖的展览，包括欧洲大陆最早的大型水族馆之一，吸引了大量的游客。尽管该学会和它的动物园未能实现其最初的研究目标——将新型农业动物引入法国——但它继续展示（并出售）异域物种，并普及博物学。

伦敦和巴黎的这些动物园都起源于驯化异域动物的尝试。与此相反，于1899年开放其公园的纽约动物学会（New York Zoological Society），则是为了展览自然情境中的野生动物，并帮助保护大型狩猎动物免于灭绝。它的第一任会长威廉·坦普尔·霍纳迪（William Temple Hornaday），曾是国家自然博物馆的首席动物标本剥制师。霍纳迪在纽约罗切斯特的一家博物学标本店建立了自己的声望——正是在金宝不合时宜地死后制作了其象皮标本的那家。尽管霍纳迪的早期职业是为科学研究和展览而杀死动物，但他在19世纪末成为最直率的野生动物保护拥护者之

动物园的进餐时间

如何让圈养的动物进食给早期的动物园饲养员带来了很大的挑战。正如这幅拍摄于19世纪20世纪之交的照片所显示的那样，布朗克斯动物园的爬行动物管理员，著名的雷蒙德·李·迪特玛尔斯（Raymond Lee Ditmars），对大型蛇类采取了强行喂食法。

■ 图片承蒙野生动物保护学会（Wildlife Conservation Society）提供，它的总部位于布朗克斯动物园。

一。这种观点代表了一种逐渐在20世纪主导了博物学的新态度。作为规模庞大的布朗克斯动物园（Bronx Zoo，纽约动物学会公园的俗称）的园长，霍纳迪利用动物园的资源来推进保护濒危物种。他对美洲野牛的拯救成功地使这种美洲平原的象征免于灭绝。

如同自然博物馆一样，动物园也成了所有大城市的标准景点，甚至许多小一些的社区也设立了缩小版的动物园。植物园同样受欢迎，它们与博物馆和动物园平行发展。当法国大革命的政治领袖们将巴黎的皇家花园转变成法国国家自然博物馆时，他们还添加了一个大型的公共植物园。公众们称这一复合体为"植物园"（Jardin des plantes）。它还容纳了一座小型动物园（曾位于凡尔赛的皇家动物园）。这种动物园与植物园的组合并不常见。

在伦敦，邱园（Kew Gardens）与摄政公园遥遥相望。如同法国植物园和其他植物园一样，它具有研究和公共展览的双重职能；并且如同其他植物园和动物园一样，它在19世纪大规模扩张。起初邱园由一些皇家地产构成。在18世纪中叶，由于皇家学会主席约瑟夫·班克斯的努力，它成为一家有模有样的植物园。1841年，邱园成为皇家植物园（Royal Botanic Gardens），并先后在威廉·胡克（William Hooker）及其子约瑟夫·道尔顿·胡克的掌管下，进入了一段规模和重要性都大幅增长的时期。

诸如热带植物温室（Palm House）和中国宝塔（Pagoda）这些令人赞叹的建筑和王莲（*Victoria amazonica*）之类的"植物奇迹"，吸引了大量的游客，其数目可与动物学会的动物园相匹敌。不过，邱园还作为大英帝国主义的机构发挥了重要作用。它的经济植物博物馆展览帝国的产物，它的温室和职员属于一个全球农业网络，协调重要的经济作物在世界各地之间的转移，比如将金鸡纳树（用来生产奎宁，可用于治疗疟疾）

从南美转移到印度，将同样来自于南美的橡胶植物转移到英国的各个殖民地（印度、锡兰[1]、马来亚[2]等）。

英国皇家植物园和法国植物园反映了植物园的普遍流行。到19世纪末，全世界大约有两百多个植物园。它们吸引了贵族、公民团体、大学以及工业界的富有慈善家们的支持：J. P. 摩根（J. Pierpont Morgan）、安德鲁·卡内基（Andrew Carnegie）、康内留斯·范德比尔特（Cornelius Vanderbilt）和约翰·洛克菲勒（John D. Rockefeller）出现在纽约植物园（1891）赞助者名单的前四位。像其他致力于博物学的机构一样，到世纪之交时，植物园已出现在从圣路易斯到圣彼得堡的各大都市中。

博物学的黄昏?

正如这些机构所见证的那样，19世纪末博物学的风行反映了公众对这一研究领域的广泛支持。公众对自然兴趣的增长和对野生动植物及其栖息地的损耗的愈发关注，都增加了博物学的重要性。在一个越来越城市化、越来越工业化的世界，乡村的宁静与美丽，以及荒野的传奇都具有巨大的吸引力。

自然著作的大量出现回应了一个不断扩大的、如饥似渴的读者群。诸如约翰·巴勒斯（John Burroughs）这样的作家提供了描述精确的文章，传达了一种对自然的深层次情感回应。这样的作品取代了19世纪那些不那么具有批判性的流行自然著作，后者常常包含一些纯属虚构的动

1. 锡兰，今斯里兰卡。——译注
2. 马来亚，今马来西亚。——译注

物行为（和道德）故事。

19世纪末的观鸟热潮也反映了对自然兴趣的增长。奥杜邦学会（Audubon Society）于1886年在史密斯学院（Smith College）建立了第一个地方分会，它将大部分的精力都用于保护鸟类。奥杜邦自身并未对保护做出多大贡献（事实上，他在笔记中记录了被他射杀的鸟类数量，在今天看来是令人震惊的麻木不仁），不过他对鸟类生活的浪漫描述鼓励了人们对鸟类的兴趣。

19世纪末在美国和其他地区出现的保护主义情绪代表了态度上的一个重大转变。尽管早期的博物学家有时也会哀叹野生动植物的丧失，但现代武器的威力和由工业化的全球扩张带来的前所未有的大规模的经济剥削，造成了前人未曾见过的威胁。女帽制作行业催生的“羽毛贸易”呈现了最令人瞩目的问题。19世纪末的女性时尚杂志，比如《风尚》（*VOGUE*）和《时尚芭莎》（*Harper's Bazar*），刺激了对时尚尤其是对鸟羽装饰的兴趣，以获得吸引人眼球的效果。美国仅在1913年一年就进口了价值600万美元的鸵鸟羽毛；同年，纽约动物学会的威廉·霍纳迪在国会前做证说，他相信有61种鸟类正由于时尚羽毛贸易而面临灭绝威胁。对可能失去某些鸟类的关切刺激了一种新的保护主义心态。

奥杜邦学会的各个分会通过鼓励观鸟活动使它们的保护主义事业获得了支持。鸟类鉴定的野外手册、棱镜式双筒望远镜的发明和鸟类摄影都极大简化了观鸟。奥杜邦学会会员每年圣诞节进行的鸟类计数活动，不仅为美国的鸟类志提供了宝贵的数据，而且也呼吁人们关注稀有鸟种。

田野活动的流行和自然著作的激增表明了世纪之交博物学的重要性。但如之前章节所讲述的那样，实际情况可能并不这么明朗。随着博物学获得了流行上的胜利，它在学术上经历了衰退。大学和研究所越来越遗弃传统的命名和分类活动，转而青睐利用实验方法研究遗传和发育问题。如同“植物爱好者”与“植物学家”一样，“业余”观鸟爱好者和“职业”鸟类学家也出现了相当大的摩擦。

尽管学术界大都认为博物学是过时的，这一学科仍然有其拥护者。公众对自然博物馆和出版物的支持为研究提供了持续的资助。小学和中学发现“自然课”（nature study）比实验室课程更加适合、更加吸引人（且不那么昂贵）。政府机构有实际理由继续提供研究经费：农民们需要了解是什么“虫子”吃掉了他们的玉米；地区发展援助者需要知道最高产的大米种类；健康工作者也需要鉴定侵扰全球不同地区的不同蚊子种类。博物学家和博物学收藏仍然是必要的。

那么19世纪末是博物学的黄昏吗？比如，在20世纪大部分时间中，对系统分类学的兴趣都在下降。但如我们所看到的那样，博物学不仅仅是命名和分类。自林奈和布丰的时代以来，博物学家们已经寻求理解自然中的秩序。许多20世纪早期的生物学家相信，对有机体的实验性研究将产生一种新的生物学理论，统一生命科学各个分支的知识。一些人梦想着将所有的生物学知识还原为化学和物理学，并证明所有的生物规律都源于物质的基础特性；其他人则思考各种较高阶的、可能综合生物学的“有机”体系。不过，博物学家寻求自然秩序的目标并未被遗弃。

结果表明，博物学家们对这一深远事业极为重要，其程度超过了20世纪初期许多生物学家的预测。博物学远未进入衰退期，它为20世纪生命科学的重要理论综合和一系列新的实际关切提供了基础。

第八章

新综合：
现代进化论，1900~1950

出版于1863年的《水孩子》(*The Water Babies*) 给几代讲英语的孩子带来了欢乐。作者查尔斯·金斯利(Charles Kingsley)，是赫胥黎的密友，也是维多利亚时期一位著名的牧师。他将这本书当作幻想作品来写，以证明自然世界与精神世界之间的平行。仙女们将那些遭受虐待或死于可预防疾病的儿童转变成"水孩子"(4英寸高、具有外鳃的类人生物)。他们能通过道德进化成长为成年人类。金斯利所讲述的迷人故事中暗含着对我们能看到什么、知道什么的思考，可以激发孩子们去质疑，他们无法看到的事物(如水孩子)是否真的存在。

1892年，5岁的朱利安·赫胥黎(Julian Huxley)读了金斯利的书。他被一幅插图迷住，上面他的祖父托马斯·亨利·赫胥黎和理查德·欧文正检查一个据称装有水孩子的瓶子。于是他写信给祖父，问他是否看到了水孩子，并问他自己(朱利安)是否可能某天也会看到。老赫胥黎

（他于 3 年后去世）在他是否真的看到水孩子这个问题上胡扯了一通，然后告诉他的孙子："从同样的事物中，有些人能看到很多，有些人却几乎什么也看不到。我敢说，等你长大后，你将会成为伟大的观察家之一，将从那些其他人什么也看不到的地方看到比水孩子更奇妙的事物。"*

朱利安·赫胥黎的确这样做了。他的崇拜者们认为他具有强大的综合能力——同时也是假想的能力。批评者们则认为他所看到的超出了实际存在着的。他在很小的时候就发现生物令人着迷。他在自传中写道，他最早的记忆是 4 岁时看到一只蟾蜍从山楂树篱笆中跳了出来。无论这一事件是否如小赫胥黎宣称的那样导致他成为一名科学博物学家，他的确对博物学，以及更一般地，对生命科学发生了强烈的兴趣。在伊顿（Eton）的观鸟活动使他对鸟类学尤其是鸟类行为产生了浓厚的兴趣。在牛津念书时，他探索了鸟类行为的进化基础。

小赫胥黎并没有将自己局限于博物学的传统主题。1909 年在那不勒斯动物学研究站为期一年的研究员职位，使他得以体验实验生物学令人兴奋之处（以及常常也包括令人沮丧之处）。他对海绵进行实验，将它分离成个体细胞，然后追踪它们如何重组并发育。尽管他发表了这些研究，但他对自己进行生理研究的能力感到失望——不过还不足以完全将它抛弃。他继续对生长和发育进行严肃的探索。

朱利安的初恋——博物学，是他所有工作的初始视角，不过它融合了来自所有生物学分支的知识。这可以从他 1937 年编著的一卷文集《新系统分类学》（*New Systematics*）中看出。这本书反映了系统分类学（涉及普通生物学）研究协会（Association for the Study of Systematics in Relation to

---

* Julian Huxley, *Memories* （London: George Allen and Unwin, 1970）, 24–25.

General Biology）的工作，这是一个专注于复兴分类学的小组，类似的小组在几个国家中都出现了。在 20 世纪三四十年代，博物学家们，尤其在美国、英国和苏联，希望细胞学、生态学和遗传学中的开拓性工作能为一种“实验分类学”提供基础。尽管最初充满热情，但新系统分类学被证明是有问题的。那些能够启发分类学的领域自身正经历相当大的变迁，而投身于分类的研究者很少有时间完全了解最新的进展。应用于分类问题的细胞学或生态学知识允许多种解释，到了 20 世纪中期，大部分博物学家都认识到，新系统分类学不太可能减少分类学中的难题。不过，实验分类学的确为分类工作提供了许多新技术和新工具。

1927 年，刚开始职业生涯不久的乌克兰博物学家狄奥多西·杜布赞斯基（Theodosius Dobzhansky）来到了美国，与遗传学家托马斯·亨特·摩根（Thomas Hunt Morgan）合作。他对新工具的利用引人注目。杜布赞斯基确定了两种果蝇之间的分类学关系；它们曾被认为是拟暗果蝇（*Drosophila pseudoobscura*）的两个地理种群。他和他的小组利用细胞研究中的染色技术，确定了这两种果蝇染色体上的结构重组（在果蝇巨大的唾液腺染色体上可以很容易看到），这些重组可被用来帮助区别这两个种。尽管已知杂交后会产生不育的后代，但这两种果蝇在形态上完全相同，分布区域上也相互重叠。不过，它们在许多生理学功能上不同。最终，基因和染色体上的差异使杜布赞斯基和其他人确信，它们是两个不同的物种。

不过，像果蝇这样具有易辨染色体的物种并不多，所以杜布赞斯基的技术无法广泛应用。但这不是问题的关键。分类学家们逐渐认识到，新生物学专业的工具和技术可以被用来理解生物关系。由于这些关系很多都是涉及进化论的，新系统分类学有助于给分类学和进化研究带来更紧密的关联。因此，许多与新系统分类学有联系的研究者对现代进化论的重新论述做出了重要贡献，这绝非偶然。

现代综合论

19 世纪末的生命科学家们已经达成一致，生物会随时间进化。不过到了 20 世纪初，就进化是如何发生的几乎仍没有达成一致意见。达尔文对自然选择的强调在许多人看来都过分简单了。科学家们提出了各种要么强调大规模剧变、要么强调总体渐进式“趋势”的替代理论。

1900 年重新发现孟德尔法则在后来极其重要，但它最初却使许多达尔文支持者疏远了遗传领域的研究和这一最终成为遗传学的专业。对孟德尔遗传学至关重要的一个概念是，遗传性状是来自于亲本的离散单元，它可以在受精卵中重新结合。在许多研究者看来，理解性状如何重组成为理解进化的关键。遗传学领域的领头人物批评“过时的”自然选择论（也就是达尔文的）路径，但这并未令核心博物学家灰心丧气。新系统分类学运动的几个领头人物，尤其是朱利安·赫胥黎和恩斯特·迈尔（Ernst Mayr），在根本取向上仍然是达尔文式的，并将这一视角带到他们的全部工作中。不过，苏联科学家（他们许多人都有博物学背景）在种群遗传学领域进行的开拓性研究，被证明对统一进化论和现代遗传学具有决定性作用。

狄奥多西·杜布赞斯基于 1918 年在基辅开始了他的职业生涯，研究瓢虫的系统分类学。之后他来到位于列宁格勒的遗传学研究所，从此进入了一个不同的研究领域，不过他的博物学背景仍然起着重要的影响。杜布赞斯基研究在自然中发现的种群的遗传学，他在迁居美国之后所写的经典之作《遗传学与物种起源》(*Genetics and the Origin of Species*，1937）中主张，要重新强调达尔文进化论中的自然选择概念。

与其他重大理论转向的历史不同，现代综合论的出现有几个经典文本，而非一个。这一差异反映了现代科学共同体的大规模性。它们是公共的事业，与早先的情况形成了鲜明对比，那时的科学研究者要孤立得多。杜布赞斯基的书，是一个定义现代综合论的种子文本，勾画出了现代进化理论的轮廓。其他文本很快跟上了。美国自然博物馆的鸟类负责人恩斯特·迈尔，曾领导从柏林大学动物学博物馆前往新几内亚和所罗门群岛的三次探险，他从一位博物学家的视角写了《系统分类学与物种起源》(*Systematics and the Origin of Species*，1942）一书，强调地理变异的重要性。朱利安·赫胥黎于同年发表了《进化：现代综合论》(*Evolution: The Modern Synthesis*)，为现代进化论提供了最流行的名字。像迈尔一样，他以博物学传统作为他的起点。乔治·盖洛德·辛普森（George Gaylord Simpson）的研究《进化的速度和模式》(*Tempo and Mode in Evolution*，1944）利用化石记录来建立现代综合论与古生物学的相容性。后来，G. 莱迪亚德·斯特宾斯（G. Ledyard Stebbins）的《植物中的变异与进化》(*Variation and Evolution in Plants*，1950）将植物全面地带入了进化论叙事。

几条不同的研究线索在现代综合论中汇合。博物学传统在其中发挥了关键作用，它提供的物种概念扩展了达尔文的洞见，并阐明了对达尔文进化论十分重要的一个区别。达尔文之前的**物种**习惯上是用物理

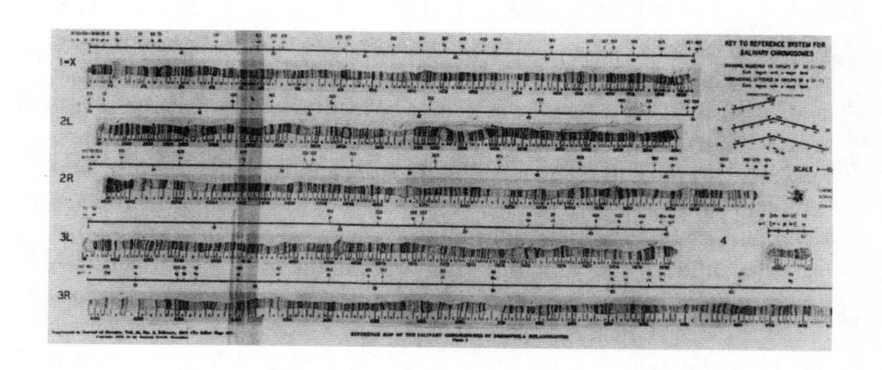

研究动物的选择

果蝇（*Drosophila*）在现代综合论中扮演了特殊角色。对它的研究帮助确立了现代遗传学，对它的分布的研究贡献了种群遗传学中的重要知识。为什么选择果蝇呢？部分原因是，它们容易饲养、研究，且不昂贵。它们只需要两周就能完成一个世代；一对果蝇可以生产成百上千只后代。它们物理性状的遗传法则也很简单。同样重要的是，它们具有巨大的唾液腺染色体，可以轻易着色以便研究其结构。

图中所示的染色体图证明了20世纪30年代的遗传学家们能做些什么。比如，狄奥多西·杜布赞斯基利用这样的图来进行果蝇研究，并表明不同种群之间的重要关系。

■ 图片承蒙牛津大学出版社提供；出自《遗传杂志》（*Journal of Heredity*）26, no. 2（1936）。

特征来定义的。博物学家们偶尔也用其他标准，比如，布丰建议将能否成功杂交繁殖作为对亲缘性的测试。不过由于博物学实践依赖保存的博物馆标本进行分类，因此对解剖学特征——通常是外部的——的使用还是占了主导地位。**模式标本**（*type specimen*）是指被用来定义该物种的实体模型，常常是知名馆藏中的某个个体标本。同样地，**模式种**（*type species*）指的是体现了其所在属的共有特征的个体物种。达尔文向动态自然观的转变摧毁了模式标本和模式种的意义，因为他将物种看作是成群的个体；由于变异或选择，种群的组成随时间而改变。因此，需要将一个物种看作是一个种群，或者更精确地说，是一系列种群。迈尔在德国时所追随的那些鸟类学家采纳了这种物种概念的某个版本。既具有博物馆训练又具有田野经验的迈尔，强调有必要重新定义老的物种概念，或者他所称的物种的**模式**（*typological*）概念，这个概念呈现的是一幅静止的图画；他还强调有必要根据新知识提炼出达尔文所暗示的种群思想。

新概念的核心是这样一种观点：物种具有阻止跨物种繁殖的隔离机制。迈尔在《系统分类学与物种起源》中提出，当一个种群与其亲本种群在地理上隔离，其成员获得的特征使它们与原来的亲本种群即使再次相遇也不可能成功产生后代时，一个新物种就产生了。这一观点反映了迈尔对鸟类进行的地理学研究。迈尔提出了一种新的物种定义，他称之为**生物学物种概念**（*biological species concept*）。对此最简单的表述是，生物学物种是"实际正进行或有可能进行繁殖的数个自然种群所构成的组群，它们与其他同样定义的组群在生殖上隔离"[*]。尽管迈尔的描述低估了存在于植物和各种低等有机体中的其他已获得承认的物种形成方式，但它很快就流行起来，因为它既抓住了进化思想的博物学背景，又抓住了其遗传基础。

尽管迈尔的工作对现代进化论极为关键，但历史学家们常常将杜布赞斯基的《遗传学与物种起源》作为最重要的核心文献，部分是因为它先问世。更重要的是，现代综合论强调种群变迁的遗传学。数学建模者、实验室科学家和田野生物学家将对自然种群的遗传学研究、个体特定性状遗

---

* Ernst Mayr, *Systematics and the Origin of Species* （1942; New York: Dover, 1964）, 120.

传学和种群动态的理论模型融合成一门新学科，**种群遗传学**（*population genetics*）。这个领域的开拓者们寻求证明，作用于小特征的自然选择如何带来大规模的、稳定的进化变革。

杜布赞斯基在其早期研究中就对自然种群中变异的数量感兴趣，他将遗传学领域的新技术应用于对果蝇自然种群的研究，以证明物种之内和物种之间的遗传变异。杜布赞斯基还与美国数学遗传学家休厄尔·赖特（Sewall Wright）合作，后者既在大学又在美国农业部畜牧部门做过实验和理论工作。赖特强调基因体系和他称之为**随机遗传漂变**的交互作用，即小种群中基因频率的随机波动。数学模型的严格和与实验结果的关联给进化理论带来了更大的科学威望。考虑到科学家们曾批评先前的进化理论太具推测性，遗传学领域通过为新的达尔文进化理论提供严谨且令人印象深刻的物质基础，证明其自身是非常有价值的。

现代综合论的统一力量

今天分子生物学和分子遗传学领域所进行的引人注目的研究，带来了基因工程作物和对引起特定疾病的基因的鉴定等成果，围绕这些研究进行的宣传所造成的后果是，人们会轻易忽略现代综合论在智识上的巨大重要性。现代进化论代表了一个比达尔文早先的综合更雄心勃勃的统一工程。19 世纪后期的生命科学家们，如海克尔，拥护一种基于进化原则的综合，但由于缺乏足够融贯且被接受的进化论，结果阻碍了一种统一的生物学的发展。现代综合论的缔造者们于 20 世纪三四十年代开始着手构建一种理解已有的生物世界知识的进化论。他们的成功依赖于接受一种对自然选择的陈述，将种群遗传学作为进化的驱动力。随机的突变、重组和选择驱动着进化进程，生物学中的一切都可以被理解为结果。杜布赞斯基那句著名的妙语最好地总结了现代综合论宣称所拥有的巨大概括力量：除非以进化论来理解，否则生物学中的一切都是没有意义的（nothing in biology make sense except in the light of evolution）。

现代综合论最初的支持者们也从广阔的哲学层面来看待进化论，并认为它作为一种世界观具有社会意义。较之于其他现代进化论的创建者，朱利安·赫胥黎或许对进化论的更广泛含义给出了最详细的说明。

朱利安·赫胥黎在《进化：现代综合论》中称，在经历了一段新兴学科孤立发展的时期后，生物学已经进入了统一的阶段。他认为，各个方面都在进化论研究中走到一起：生态学、遗传学、古生物学、分布研究、胚胎学、系统分类学、比较生理学和比较解剖学都在进化研究中找到了共同基础。不过，生物学的统一带来了更多希望。赫胥黎宣称，进化研究展示了生命随时间的进展。但未来会是什么样？他认为，尽管进化论研究并未揭示自然中的目的，但它的确表明了方向：增加控制度、独立性和知识，并协调知识。人类进化反映了这些进展，并成为一个古老故事的最新阶段。

作为当时一大部分西方知识分子的典型，赫胥黎试图为已被第一次世界大战摧毁的破碎的维多利亚世界观找到替代。对他而言，自然科学可以成为这一替代，而进化论，这门关于起源的科学，看起来是最有可能描绘出人类命运的。赫胥黎认为，人类已经达到了创造价值的进化阶段，未来的人类进化将需要美学、智力和精神经验上的增长和提升。赫胥黎在多篇文章中详细阐明了一种科学人文主义，其基本特征为民主、进步，并强调基于科学知识的教育和人文关怀。

田野中的博物学家

以前的博物学家们在前往偏远地区探险时，并没有疫苗接种或收音机、手机等通信手段的保护。18 世纪末 19 世纪初的许多早期博物学家都未能活着完成旅行。与这样的英雄时代相比，现在的田野生物学已改善了很多。但在野外采集仍然是危险的，博学家们必须与医药、政治、气候和后勤问题抗争。不过它的吸引力依旧。

恩斯特 · 迈尔于 1928~1930 年在荷属新几内亚、巴布亚新几内亚和所罗门群岛收集鸟类。他对鸟类分布的观察后来被证明对他的进化思考至关重要。这幅照片拍摄于 1928 年 6 月的荷属新几内亚，照片中的人物是迈尔和他的马来西亚助手。

■ 照片承蒙恩斯特 · 迈尔提供。

现代综合论的其他缔造者们探索了进化论的人文含义，得出了相当相似的结论，结果带来了一种强调科学的价值和生命之机械与物质基础的自由人文主义。如同之前那些依据当时的观念来构架他们的自然观的博物学家一样，现代进化论者巧妙地制作了一幅与当代的政治和智识概念相吻合且深受欢迎的协调画面。正如林奈将他的分类置于北方的基督教语境之下，布丰将他建构的图景作为法国启蒙运动改革欧洲思想之努力的基石一样，朱利安 · 赫胥黎和他的同伴们视他们才华横溢的生物学综合为更大的文化建构的一部分。他们认为，生物学的力量支持了他们共享的社会和哲学信念。不过，尽管现代综合论的缔造者们将进化论看作是一种更宽广的世界观的一部分，但我们应当注意到，接受该理论的巨大统一力量并不意味着接受它所宣称具有的哲学或社会含义。

现代进化理论以一种早前的博物学家曾希望的方式统一了生命科学。博物学传统致力于描述生物世界并辨识其秩序。达尔文的进化论源于他理解不同的物种如何存在以及它们之间的相互关系的尝试。在此过程中，他设计出一种理论，可以解释其他规律并阐明生物何以如此运作。生理学家们揭示了生物如何运行，并表明这些体系令人叹为观止的复杂性和一体化程度。而进化论，通过将功能与适应相关联，表明了功能如何以及为什么存在。现代综合论利用实验生物学数十年来的成果，帮助阐明了进化论的物质基础，并带来了对其机制更深层次的理解。凭借深厚的历史本性，进化论继续证明博物学传统的重要性。只有通过研究什么实际上已出现了，只有通过揭示现存化石记录来确定哪一种种系发生随着时间推移发展了，只有通过记录现代物种和已灭绝物种的分布，我们才能了解地球上的生命。

生命科学已经揭示了许多普遍法则，比如孟德尔有关遗传和基因密码的法则。但进化论超越了有机体共有的那些重要且有趣的规律，它将所有的生物学知识视作漫长历史进程的结果。现代进化论以一种重要的方式实现了先前博物学家们描述并理解自然秩序的目标。它不是林奈或布丰预想的样子，并且，如同我们所有核心的统一科学理论一样，未来的人们如何修改或看待它还尚待分晓，但它目前是博物学传统中一个重要的里程碑。

第九章

作为通才的博物学家：E. O. 威尔逊，1950~1994

爱德华·威尔逊（Edward O. Wilson）在他的自传《博物学家》（*Naturalist*）一开头，描述了他最早的两次对神奇自然力量的记忆：7岁时（1936年）在天堂海岸（Paradise Beach）的浅水区遇到一只大水母，同年夏天在佛罗里达珀迪多海湾（Perdido Bay）的浅水区，从码头上观察一只巨大的刺魟。小男孩面对自然奇观时的惊异感似乎从未离开过威尔逊。他在亚拉巴马州长大，大部分的童年时间都在捕蛇和为蚂蚁分类中度过。后来他在亚拉巴马大学（University of Alabama）追求自己的兴趣时正是美国生物学的关键时期：新进化理论，也就是现代综合论正广为传播。威尔逊的几位教授都来自现代综合论的构建中心，比如纽约的美国自然博物馆，那里是恩斯特·迈尔工作的地方，他是那里的鸟类标本管理者。

迈尔，这位美国最活跃的进化思想拥护者，强调研究地理分布的重要性，并呼吁关注现代综合论的新物种概念。他也理解这一理论对分类的意义：分类应当反映进化关系，并体现已随时间而发生的进化上的差异。在实践中，这一研究路径鼓励仔细记录（物种的）地理分布，并对差异进行透彻比较。

威尔逊后来的工作一直以进化论视角为中心。在田纳西大学（University of Tennessee）短暂工作过一段时间后，威尔逊进入哈佛的研究生院学习，之后在那里度过了他的整个职业生涯。威尔逊的研究并不局限于命名蚂蚁并进行分类。通过直接或间接地与其他科学家合作，他将生物科学其他分支的方法也纳入了他的研究。除了传统分类外，他还参与了广泛的田野采集、数学建模、实验、理论化和哲学反思工作。

蚂蚁是威尔逊进入自然秩序的入口。过去数百年来的专业化是一把双刃剑。对许多人来说，专业化缩小了他们的关注点，将他们的精力集中在一系列专业化的、只有少数受过同等训练的科学家才有兴趣的问题上。广阔的理论问题越来越无人问津。不过，对少数具有高度创造性的生物学家来说，精通一小群植物或动物也是一把强有力的楔子；这些时刻留意机会的人提出了能用他们所拥有的高度专业化的知识来探索的有趣问题。

在这种被他称作“机会主义”的探索中，威尔逊成为20世纪最成功的科学家之一。尽管他花费了数年的时间进行传统的蚂蚁分类，但在他的职业早期，他就对蚂蚁的行为、分布、生态学和进化提出了问题。比如，受到德国动物行为学家康拉德·洛伦茨（Konrad Lorenz）的一次动物行为演讲的启发，威尔逊开始着手考察蚂蚁交流使用的化学物质。洛伦茨等动物行为学家认为，动物会对来自环境或其他动物的信号做出回应，引发固定动作模式。比如，如果有一只正被孵化的蛋从灰雁窝中滚出，并且被那只灰雁看到了，那么就会引发它的一系列模式反应，其结果是它将蛋再推回到窝中。在动物行为学家看来这种行为是固定的、天生的。他们的实验表明，灰雁会将它们在附近注意到的任何像蛋的物体（甚至某些只有一点点像蛋的物体，比如金属罐）都推回到窝中。

动物行为学家描述了在哺乳动物、鸟类、鱼类和昆虫中观察到的诸多类似信号（被称为**释放物**，releasers）；它们大部分是视觉上或听觉上的。威尔逊知道蚂蚁和其他社会昆虫需要依靠其他交流方式，因为它们的巢穴黑暗，并且据称它们无法听到借由空气传播的声音。科学家们知道蚂蚁通过轻触它们的触角和前腿来传递信息，并且在某种情况下似乎还会分泌一种用来标记路线的化学物质。威尔逊为火蚁构建了一个人工巢穴，然后观察它们的行为。他注意到它们如何通过嗅迹来交流食物的位置信息。接着，他寻找用于标识路线的化学物质的来源。通过显微解剖，他系统地移除了蚂蚁的不同内部器官，并利用该器官的提取物制造了人工路线。在进行了无数次的试验后，他发现了一个小的腺体，蚂蚁正是利用它产生的物质来标记食物的位置，这种物质对其他寻找食物的工蚁是一种强烈的刺激。在与其他科学家的合作下，威尔逊研究了这种化学物质的一般特征；后来的研究鉴定出了其他相关的化学物质。威尔逊还探索了蚂蚁用来进行其他交流的化学物质，他开始研究这些化学信号（被称为信息素）的一般属性和进化。结果表明，许多动物都利用信息素。威尔逊的研究开创了一个广阔的研究领域。

威尔逊的职业生涯表明，博物学家拥有一片可以大展拳脚的广阔天地。威尔逊认为，博物学家占据了一个很有利的位置：后退一步，可以通过某个特定生物群管窥自然秩序的一般特征。他的观点与当代许多研究的方向背道而驰。博物学早期的专业化将博物学家们局限于研究个别生物群（鸟、鱼等）。由于新实验方法的出现，专业化的趋势越来越加强，因此今天的生物学家专注于种群的特定功能（比如，植物细胞生理学）。这种收缩已经发生了，尽管现代综合论将来自不同生物学群体和不同组织层次的知识整合了起来。

这些新领域中有一些已经取得了引人注目的成果。分子生物学和基因研究中的惊人发现令公众和赞助机构着迷，因为它们承诺会给医药、农业带来巨大收益，并可能引发社会科学和人文学科领域的革命。不过，威尔逊认为，对特定种群的分子研究中出现的许多“概括”都只限于所考察的种群，并不适用于整个生命界。相反，通过从几个层次考察一个特定的生物种群，博物学家能够得出超越组织层次、与更广泛的生物种群有关的概括。比如，威尔逊对蚂蚁行为的研究，就将他带入了生物化学、生态学和进化理论的领域，并对整个动物界具有重要意义。

生物多样性

威尔逊呼吁更深切地理解博物学传统。博物学对特定分类阶元的关注可以带来新的生物学洞见。对阶元的仔细研究还有其他重要价值。威尔逊一直是提倡记录地球上生命多样性的一个核心人物。迄今为止，生物学家们已经命名并描述了共约150万种的现存物种。与林奈和布丰所知道的相比，这个数字听起来十分巨大，但它只代表了现存物种的一小部分。不同专家对地球上现存物种数量的估计差距很大，从500万到3000万都有。显然，前路漫漫。

令这一任务更加紧迫的是，生物学家们认识到，随着人口扩张，地球的环境发生了变化，由此威胁到无数尚不为我们所知的物种的生存。更令人不安的是，生物学家们发现，今天物种灭绝的速度，接近于化石记录中我们称为**灾难性灭绝事件**（*catastrophic extinction events*）时期的物种灭绝速度。科学家们尤其担忧热带雨林的命运，尽管它们仅仅占据地球上7%的陆地表面，但它们是一半以上现存物种的家园。这些雨林尽管具有丰富的多样性和浓密的植被，但却是非常脆弱的体系。一旦被扰乱，即使能再生，速度也十分缓慢。19世纪探险家们所知道的雨林有一大部分已经被毁灭。珊瑚礁和海岸湿地正面临着同样的危险。

这重要吗？那些发动了一场大型国际运动的人们认为这很重要，他们在“拯救生物多样性”的旗帜下努力唤起公众对这一问题的关注，并试图影响政府和国际机构。威尔逊是他们的首要支持者，他认为有必要出资记录地球的生物多样性，并成功地引起了国际关注。1986年，美国国家科学院（National Academy of Sciences）和史密森学会赞助了一个重要论坛，以将公众的注意力集中到这些问题上。60多位来自生物学、经济学、哲学和政治学的专家，研究了生物多样性受到威胁的意义。自那以后，联合国就举办国际会议，试图平衡冲突的利益。那些来自正经历人口爆炸式增长的国家的经济规划师的要求与生物学家们对经济发展威胁生物资源的关注背道而驰。

国际会议的与会者们，如1992年在里约热内卢举行的联合国环境与发展大会，得出的结论认为人类活动造成了令人担忧的多样性的丧失，但他们未能就应当采取什么补救措施达成一致，甚至在对实际损失的估计上也众说纷纭。这些讨论同意，评估生物多样性被破坏的程度很重要。但对居住于这个星球上的生物体的知识的缺乏阻碍了我们对实际损失的了解。对热带雨林或海岸湿地的实际状况众说纷纭；除非建立某些基线，否则我们无法做出评估。

年轻的博物学家

从很小的时候起，E. O. 威尔逊就对生命的多样性着迷（在左图中，13 岁的威尔逊正在亚拉巴马捕捉昆虫）。他在自传中描述了自然界对他的吸引力，他终生都致力于描述其丰富性。

20 世纪产生了许多著名的博物学家，但就兴趣和贡献的广度而言，很少有人能与威尔逊相匹敌。如同 18 世纪知名的博物学家林奈和布丰一样，威尔逊不但进行广泛概括，而且也寻求记录并解释自然的细节。他思考人类如何与这幅图景融为一体。在尝试着从生物学视角综合知识时，他常常前往崎岖的地区探险（右图，在中美洲）。

■ 左图承蒙 E. O. 威尔逊提供；右图承蒙明登图片社（Minden Pictures）提供，摄影师：马克·莫菲特（Mark W. Moffett）。

世界各地伟大的自然博物馆保存着有关地球上生命的知识，但它们的资源有限。威尔逊和其他博物学家们呼吁重新投身于博物学的经典目标，以提供记录生物多样性所必需的知识。他们指出，即使做乐观的估计，完成一次全球生物调查也需要大型的国际考察队在不同层次或规模的时间和地点，进行长达 50 年的工作。首先，鉴定并记下那些受到威胁的、拥有最多濒危物种的栖息地。对那些尚不够了解的生态系统进行研究，看它们是否包含了受到威胁的本土生境。接着，对被认为受到威胁的区域进行鉴定，并建立研究站以监控环境因素；随后记录动植物群的艰巨任务将开始。最后，对地方性和更广阔区域的考察结果，将产生若干围绕着个体种群的专著，并给出有关这个星球生物多样性的图景。

现代进化理论和最近对生物多样性的关注证明，20 世纪的博物学传统与过去有着强烈的连续性。传统的命名、描述和建立秩序的目标仍然重要。早前对完成一份自然名录的追求最终成长为一项比预想中宏大得多的事业，并且它仍然是一项重要的事业。同样，从现代综合论中浮现的整体自然图景提供了丰富的研究问题，并继续向着更清晰的水平发展。

博物学与生物学：生态学

20 世纪的博物学影响了通常被认为在博物学传统之外或不同于博物学传统的生命科学领域。种群生态学的历史提供了一个明显的例子。20 世纪中叶的生态学主要是记录个案史，通常是以描述的方式考察某个地方环境中的交互作用，这一时期的学者们试图将它转变为利用实验、数学建模和抽象来寻找普遍法则的学科。比如，乔治·伊夫林·哈钦森（George Evelyn Hutchinson）强调数学建模在研究自然中的价值。他相信，这样的模型与细致的田野工作和实验设计结合，可以产生一门超越具体知识、揭示自然中模式的科学。哈钦森 20 世纪 50 年代的学生们促进了生态学学科的转变。他们赞成将源于田野观察的知识与数学建模相结合，以预测目前尚未认识到的关联。之后观察将确定其预测的可信性。他们还相信，他们的研究将揭示普遍模式和原则。

威尔逊在这个故事中扮演了一个多少有些古怪的角色。他和他的同事、同时也是哈钦松学生的罗伯特·麦克阿瑟（Robert MacArthur），想要将生物地理学——也就是对有机体地理分布的研究——从一门限于描述分布模式的学科转变为可以提出可检验的假说的科学。在某种意义上，他们是在努力远离传统上所认为的博物学。他们的理论基于这样的观察：在一个小岛上，物种多样性可能与区域相关。恩斯特·迈尔和其他博物学家为这些相关性贡献了观察基础。迈尔呼吁关注那些显示岛屿上的动物物种比预想中变得更快的记录。他认为这一改变源于脆弱的外来种群的灭绝。

为了寻找一种更普遍的解决方法，麦克阿瑟和威尔逊提出，动物多样性源于迁入速率和灭绝速率的动态平衡。他们努力识别迁入速率和灭绝速率的潜在关系，而非物种本身。为此他们使用了两条数学曲线，每条都代表一种速率。曲线的相交点预测了平衡点的物种数量。麦克阿瑟和威尔逊利用这种简单的关联来思考迁入物种（或者说侵殖物种）与灭绝速率的整体特征之类的问题。比如，他们提出，拥挤环境中的选择不同于宽松环境中的选择，物种的进化将根据现有环境来进行。他们还宣称，他们理论的有效性可以通过观察和实验获得证实。他们于1967年出版的《岛屿生物地理学理论》(*The Theory of Island Biogeography*)定义了一种新型生态学，并极大地影响了研究。

对威尔逊而言，岛屿生物地理学产生于他自己对概括的追求。他很快就转向了其他学科——动物行为学，之后是生物多样性。不过，他帮助开创的种群生态学沿着数学路线发展；当它与田野工作结合时，强调研究当下相对短期的生态变迁（与长期的进化变革形成对比）。对数学概括的强调有利于更抽象的公式，但低估了所涉及的个体物种及其历史。

具有讽刺意味的是，作为博物学传统的伟大捍卫者的威尔逊，却帮助发展了否定博物学价值的研究。尽管如此，这一被认为过时的知识的重要性很快就再次变得明显。对环境退化和生物多样性衰退的科学关注所提出的问题，暴露了数学模型的局限性。当生态学家们比较相似区域（就气候、土壤等而言）的生物多样性时，他们发现了一些差异只有通过研究这些区域的特定历史背景才能获得解释。也就是说，一般的数学模型未能解释那些差异，但若补充以每个地区的描述性信息和历史信息，那么差异将可能被解释。试图保护濒危生态体系并恢复栖息地的保护生物学，提出了带来相似议题的实际问题。这样，在解决问题时，生态学家们除了交互作用模型外，还逐渐依赖动植物的历史。生态学中的"新"博物学将数学模型的严格的公式化表述和可验证假说的发展，与特定区域的历史背景融合在一起。

作为世界观的博物学

林奈和布丰是在一个宏大的18世纪框架下从事博物学研究的，这个框架假定世界是有序的，人类有能力识别这一秩序。尽管他们都认为动植物只是全部存在的一部分，但他们坚信，他们所发现的知识具有更广泛的意义：自然的秩序包含着经验教训，并关涉一系列人类利益。同样地，达尔文的进化论启发了19世纪和20世纪的思想家们去探索达尔文生物世界观的更广泛意义。现代综合论的缔造者们，比如朱利安·赫胥黎，扩展了生物学中的达尔文思想，并思索进化对人类的意义。

当代博物学继续寻求生物学知识的深层哲学含义和社会含义。E. O. 威尔逊或许最好地代表了20世纪的博物学家，他主张，对特定分类阶元的细致研究会带来深远的概括。他也相信，知识的普遍统一可以通过将生物学思想和物理学思想"跨越边界"扩展到人文和社会科学领域而获得。启蒙运动追求对物理世界和人类世界的统一理解，威尔逊不加掩饰地与它站在一边。他写道，进化论提供了解开理智、社会、伦理学和艺术之谜的钥匙；自然选择解释了分类、分布、化石记录、胚胎学和行为的事实。在威尔逊看来，将进化论视为一个**过程**所具有的解释力，我们才刚开始领会。与对大脑的物质性理解一道，对人文领域和社会科学提出的中心问题的进化论理解可以解决长期存在的人类问题。

威尔逊承认他这一设想的本质是推测性的，但他认为它有潜力成为一项研究议程。他脑中所想的是对基因和文化之间关系的研究。或者，换个说法，是对人类的**基因**进化如何与人类的**文化**进化相互作用的研究。威尔逊相信这两种形式的进化相互依赖，类似于一些植物和动物的交互式协同进化，比如昆虫和它们所授粉的花的适应。威尔逊注意到，由于作为器官的大脑已在上百万年的时间中进化以应对自然选择，生物学家们应当将对它的关注更多地放在它作为参与生存之战的机器上。

威尔逊开创了**社会生物学**这一学科，将动物行为学和进化生物学综合起来。1975 年他发表了一本 700 页的专著，勾画出了该学科的大体轮廓，结果引发了一场抗议风暴。抗议主要针对的是他的最后一章，他在其中强调人类行为的生物学基础，甚至提出，进化生物学已经达到了这样一个发展阶段，使得它能解决之前被认为属于社会科学和人文领域的伦理学和其他学科中的问题。

通过利用进化心理学和社会生物学的研究，威尔逊主张“有备学习”（prepared learning），即人类和动物天生准备学习（或抗拒学习）某些行为而非其他行为，可作为遗传学和文化之间的联结。进化心理学家们相信，这些倾向具有进化论意义。威尔逊列举的一个例子是，大部分人类都很容易就学会害怕蛇。与人类相近的动物，比如非洲栖居在树上的长尾猴，看到各种毒蛇时，会本能地释放危险信号。尽管五岁以下的孩子在看到蛇时不会表现出害怕，但随着慢慢成长，他们会逐渐表现出不适，并且只需要一次或两次负面经历就足以使他们永生记住这种恐惧。由于许多蛇都是有毒的，避开它们意味着一种选择性的生存优势。当然，人类能够克服他们的恐惧。（否则的话，爬行动物学这门学科可能就不会存在了！）进化心理学家们宣称，这种灵活性证明了有备学习的复杂性：它部分是继承的，部分是习得的。

在威尔逊看来，有备学习或许可以应用于社会行为中。人类社会已存在得够久。威尔逊认为，适应性社会行为已获得了选择，并在人类基因库中以负责各种不同形式的有备学习基因的形式存活。这样，人类学家所记录的普遍人类行为或许可以用进化论来解释。极为不同的文化所展现的对特定形象的着迷——比如，蛇在神话中无处不在——或许反映了人类的某些深刻印象，它们在故事中找到了文化表达。

威尔逊精心提出了一项雄心勃勃的计划。其核心是自然科学尤其是现代进化论的深刻见解，以及它与分类和分布、遗传学、神经生物学的联系。进化论使得博物学事实可理解，它或许对阐明人文领域和社会科学的关注焦点是有益的。威尔逊断言，在人类的研究者们认真对待我们的进化本性和生物本性之前，我们是无法推进我们的理解的。

正如所预料的那样，批评者们带着对这一建议的愤怒做出了回应：哲学、历史和文学这些神圣学科和经济学、政治科学的这些世俗主题，竟应当与自然科学统一，并将首要地位让给生物学，视它为大统一者！威尔逊的立场让许多人文学者感到太笼统、太简单，因而无法带来细致的理解，也无法找到特定的证据来证实。我们如何能够进入早已逝去的旧石器时代人的头脑，来研究他们的思想是如何自然地发展的？威尔逊的批评者们还指责他鼓吹一种生物决定论，并且他的观点有滥用的危险；它与早先的优生学相似，都暗含种族主义和性别歧视。

像其他综合体系的创造者一样，威尔逊强烈地相信，他已找到了解开自然之谜——无论是物理的、生物的还是人类的——的钥匙。与启蒙运动时期的博物学家和现代综合论的缔造者们相似，他寻求一种知识的统一，并认为科学提供了这种统一方法。他宣称他的视角拥有一种强烈的人文维度，一种与我们文化中的民主和人文主义价值相兼容的维度。

威尔逊继承了前辈博物学家的传统，他们努力理解自然中的秩序，并将这一知识与人类的关注融合在一起。他对系统分类学和进化理论的贡献确保了他在博物学领域的显赫地位，他对文化的看法促成了当代思潮中一场有关伦理学、政治学和艺术之基础的对话，这场对话仍在进行。

结语

1735 年，年轻的林奈在一篇仅 12 页的文章中为动物、植物和矿物勾勒出了一个分类体系。4 年后，布丰接管了巴黎的皇家花园，不久开始计划他的博物学百科全书。每位先驱者都工作了40 多年，他们的著作共同为生命科学提供了必要的基础。林奈和布丰的书考察了18 世纪末欧洲人所了解的全部生命世界。两人有不同的动机。林奈寻求为上帝的造物编写名录，并发现上帝设计中的秩序；布丰的抱负，则是以罗马博物学家老普林尼之后未曾有过的规模，为他的同代人提供一种世俗的博物学，并揭示这幅广阔图景中的自然法则。布丰的《博物学》如此受欢迎，以至于今天的法国文学选集仍然将它列入。林奈在国际上有一批追随者；他的作品或许缺乏他那位法国对手的优雅风格，但他的作品仍然很流行，吸引了大批热情的读者。

在此后的两个半世纪中，博物学家们做出了令人瞩目的贡献。他们几乎已完整地记录了某些重要的群，比如鸟类和哺乳动物。进化理论被普遍认为统一并解释了生命现象。生态学和环境生物学研究植物和动物的交互作用，以及人类对它们的影响。今天我们说人类对地球上的生命有“管理之职”，这其中反映出的意识是，我们越来越有能力影响自然进程，我们对自然世界也负有越来越大的责任。

正如林奈和布丰意识到他们的努力标志着考察并理解自然的探索才刚开始一样，今天我们研究周围这个世界的能力虽然已大大提升，但博物学家们仍然惊叹于尚待发现的世界之大。对生物多样性的威胁已经清楚有力地说明了这一点。微生物世界对我们而言仍然陌生，就像 18 世纪初的博物学家不了解新世界的动植物一样。即使是那些我们已命名的动物、植物和微生物，我们对它们大部分的生活史和群体关系也几乎一无所知。

博物学家想知道的不仅仅是命名和分类。生态学、环境科学、保护生物学和进化生物学都吸引了博物学家们的兴趣。像分子遗传学和野生动植物管理这样迥异的领域，都通过它们与博物学传统的关系找到了共同之处。

随着识字水平的提高和通信技术打开新的可能性，博物学的受众大大扩展。博物学一直以来都吸引了广泛的读者。尽管 19 世纪的专业化使研究型科学家与普通读者渐行渐远，但他们之间的联系从未完全消失。在过去一个世纪中，不断壮大、懂得欣赏的读者群消费着博物学书籍、文章和插图。19 世纪末建立的那些伟大的自然博物馆拥有广阔的、面向公众的项目以普及博物学。动物园和植物园成为广受喜爱的休闲地点，它们曾经是并且仍然是城市的主要景点之一。国家公园、野生动物保护区和野生动物园也发挥了同样的功能。

通信上的进步为普及博物学创造了新的机会；最令人瞩目的当然是照相机、电影和电视。从 1948 年的《海豹岛》（*Seal Island*）开始，沃尔特·迪斯尼（Walt Disney）就开始制作有关博物学主题的纪录片，成为之后两代人的标准娱乐节目。作为家庭娱乐，自然故事和纪录片在当代媒体中有着完善的市场，并在教育机构中获得了广泛应用。有线电视使得一天 24 小时观看自然节目成为可能。孩子们可以坐在客厅里，欣赏由那些身处自然生境的异域物种主演的自然秀，而这些画面在 100 年前只有那些最富冒险精神的旅行者才能看到，并且常常需要冒着巨大危险。

流行博物学并未被电视和电影完全占据。20 世纪后半叶许多博物学著作表达了对环境恶化的关注，反思我们对环境愈演愈烈的侵蚀。奥尔多·利奥波德（Aldo Leopold）在他广受赞誉的《沙乡年鉴》（*A Sand County Almanac*，1949）中提出了土地伦理的概念，蕾切尔·卡逊（Rachel Carson）则在《寂静的春天》（*Silent Spring*，1962）一书中呼吁关注杀虫剂的环境危害，这本书受欢迎的程度表明了即使是这样一个严肃的生物学问题，它的阅读公众可以多么广泛。

并非所有 20 世纪的自然著作都围绕着环境问题。还有一个丰富的传统是思考我们在自然中的地位和个体与它的精神联系，这可以追溯到亨利·大卫·梭罗（Henry David Thovean）的《瓦尔登湖》（*Walden*，1854）。安妮·狄勒德（Annie Dillard）的畅销书《溪畔天问》（*Pilgrim at Tinker Creek*，1974），确立了她作为当代顶尖自然作家的声望。一流的博物学家们，比如斯蒂芬·杰·古尔德（Stephen Jay Gould），带着对他们科学的文化维度的深切意识，创作了一系列详实的文章。古尔德的文章将历史、自然和社会编织到具有教育和娱乐功能的故事中。并且如同他在哈佛的同事 E.O. 威尔逊一样，古尔德理解博物学传统的重要性。

两个多世纪以来，博物学一直对生命科学极为重要，并且它的重要性仍在继续。今天，记录自然、理解其内在规律并构建一幅整体图景的必要性仍像以往一样重要。博物学家们还有一个巨大的名录要完成，还有一幅广阔的图景要想象：这个名录和图景包括了那个独特的会反思的物种，**智人**（*Homo sapiens*），并且与它极为相关。

延伸阅读推荐

对博物学史的综合介绍可参阅《博物学文化》，这本有趣的文集涉及了从文艺复兴时期到20世纪的博物学(N. Jardine，J. A. Secord，and E. C. Spary，eds.，*Cultures of Natural History*，Cambridge: Cambridge University Press，1996)。对英国博物学史的研究可见《英国博物学家》一书，它同时包含了丰富的一般性信息(David Allen，*The Naturalist in Britain*, Princeton: Princeton University Press, 1994)。对爱尔兰相关方面的介绍可见《爱尔兰的自然》，这本文集还收录了关注更广阔博物学的文章(John Foster, ed., *Nature in Ireland*, Dublin: Lilliput Press, 1997)。《人类与自然世界：现代感性的历史》富有思考性地讨论了现代人类对自然的感受性(Keith Thomas, *Man and the Natural World: A History of the Modern Sensibility*, New York: Pantheon Books, 1983)。

第一章　采集、分类和解释自然：林奈与布丰，1735~1788

有关林奈的研究可参阅《理智与经验：卡尔·冯·林奈著作中对自然秩

序的呈现》（James Larson, *Reason and Experience: The Representation of Natural Order in the Work of Carl von Linné*, Berkeley: University of California Press, 1971）、《林奈：其人其作》（Tore Frägsmyr, ed., *Linnaeus: The Man and His Work*, Berkeley: University of California Press, 1983）、《资深博物学家林奈的一生》（Wilfrid Blunt, *The Compleat Naturalist: A Life of Linnaeus*, New York: Viking Press, 1971）、《林奈》（Heinz Goerke, *Linnaeus*, New York: Scribner's, 1973）、《自然之躯：现代科学形成中的性别》（Londa Schiebinger, *Nature's Body: Gender in the Making of Modern Science*, Boston: Beacon Press, 1993）、《林奈与林奈学派：他们的植物分类学思想的传播》（Frans Stafleu, *Linnaeus and the Linnaeans: The Spreading of Their Ideas in Systematic Botany, 1735–1789*, Utrecht: A. Oosthoek's Uitgeversmaatschappij, 1971）。对博物学之荷兰背景的有趣讨论可见《富人的尴尬：解读黄金年代的荷兰文化》（Simon Schama, *The Embarrassment of Riches: An Interpretation of Dutch Culture in the Golden Age*, Berkeley: University of California Press, 1988）。对生命科学领域 18 世纪发展的概括论述可见《解释自然：从林奈到康德的生物科学》（James Larson, *Interpreting Nature: The Science of Living Form from Linnaeus to Kant*, Baltimore: Johns Hopkins University Press, 1994）。对布丰生平和著述的一般讨论可参阅《布丰的博物学人生》（Jacques Roger, *Buffon: A Life in Natural History*, Ithaca: Cornell University Press, 1997）和《布丰》（Otis Fellows and Stephen Milliken, *Buffon*, New York: Twayne Publishers, 1972）。对布丰之前的博物学标本藏品史的精彩讨论可见《拥有自然》（Paula Findlen, *Possessing Nature*, Berkeley: University of California Press, 1994）。

第二章 新标本：将博物学转变为一门科学学科，1760~1840

对博物学标本藏品成长的描述可见《发现鸟类：鸟类学的诞生（1760-1850）》（上海交通大学出版社，2015）（Paul Lawrence Farber, *Discovering Birds: The Emergence of Ornithology as a Scientific Discipline, 1760-1850*, Baltimore: Johns Hopkins University Press, 1996）和《英国博物学家》（David Allen, *The Naturalist in Britain*, Princeton: Princeton University Press, 1994）。对当时的科学探险的讨论可见《欧洲扩张（1600-1870）》（Frédéric Mauro, *L'Expansion Européenne (1600-1870)*, Paris: Presses Universitaires de France, 1967）、《太平洋的法国探险家》（John Dunmore, *French Explorers in the Pacific*, Oxford: Oxford University Press, 1965）、《大船环游世界：科学航行，1760-1850》（Agnes Beriot, *Grand voiliers autour du monde: Les voyages scientifiques 1760-1850*, Paris: Port Royal, 1962）和《探险家与世界的发现者》（Daniel Baker, *Explorers and Discoverers of the World*, Detroit: Gale, 1993）。对约瑟夫·班克斯的研究有许多，可参见《约瑟夫·班克斯爵士》（Hector Cameron, *Sir Joseph Banks*, Sydney: Angus and Robertson, 1966）、《约瑟夫·班克斯爵士：18世纪的探险家、植物学家和企业家》（Charles Lyte, *Sir Joseph Banks: Eighteenth-Century Explorer, Botanist, and Entrepreneur*, Newton Abbot: David and Charles, 1980）和《约瑟夫·班克斯的一生》（Patrick O' Brian, *Joseph Banks: A Life*, London: C. Harvill, 1987）。有关威廉·斯文森的研究可见《英国皇家学会、林奈学会等会员威廉·斯文森在芬格鲁夫：剖析一位19世纪的博物学家》（Sheila Natusch and Geoffrey Swainson, *William Swainson of Fern Grove F.R.S., F.L.S., &c.: The Anatomy of a Nineteenth-*

Century Naturalist, Wellington: Published by the authors with the aid of the New Zealand Founders Society, 1987)。有关洪堡的影响可见《文化中的科学：早期维多利亚时代》(Susan Faye Cannon, *Science in Culture: The Early Victorian Period*, New York: Science History Publications, 1978)，以及马尔科姆·尼尔克森的文章“亚历山大·冯·洪堡：洪堡式科学和植被研究的起源”(Malcolm Nicholson, “Alexander von Humboldt: Humboldtian Science and the Origin of the Study of Vegetation,” *History of Science*(1987)：167–94)和“洪堡之后的洪堡式植物地理学”(“Humboldtian Plant Geography after Humboldt: The Link to Ecology,” *History of Science*(1996)：289–310)。

第三章　比较结构：打开自然秩序的钥匙，1789~1848

对居维叶的研究可见《动物学家乔治·居维叶：进化论历史中的一项研究》(William Coleman, *Georges Cuvier Zoologist: A Study in the History of Evolution Theory*, Cambridge: Harvard University Press, 1964)，有关他的科学和他的职业可见《乔治·居维叶：法国后革命时代的职业、科学和权威》(Dorinda Outram, *Georges Cuvier: Vocation, Science and Authority in Post-Revolutionary France*, Manchester: Manchester University Press, 1984)。有关若弗鲁瓦·圣提雷尔的研究可见《艾蒂安·若弗鲁瓦·圣提雷尔的生平与著述》(Théophile Cahn, *La vie et l'oeuvre d'étienne Geoffroy Saint-Hilaire*, Paris: Presses Universitaires de France, 1962)。有关居维叶—若弗鲁瓦·圣提雷尔的辩论可见《居维叶—若弗鲁瓦之争》(Toby Appel, *The Cuvier-Geoffroy Debate*, Oxford: Oxford University Press, 1987)。《形式与功能》一书则对比

较解剖学领域的辩论进行了经典讨论（E. S. Russell, *Form and Function*, London: John Murray, 1916）。有关化石的研究可见《化石的意义》（Martin Rudwick, *The Meaning of Fossils*, New York: Neal Watson, 1976）。对胚胎学和重演的讨论可见《本体论与种系发生》（Stephen Jay Gould, *Ontology and Phylogeny*, Cambridge: Harvard University Press, 1977）和《进化的意义》（Robert J. Richards, *The Meaning of Evolution*, Chicago: University of Chicago Press, 1992）。对植物学自然分类史的有趣讨论可见《生物系统分类学的发展：安托万·劳伦·德·朱西厄、自然与自然体系》（Peter F. Stevens, *The Development of Biological Systematics: Antoine-Laurent de Jussieu, Nature, and the Natural System*, New York: Columbia University Press, 1994）。对路易斯·阿加西一生的描绘可见《路易斯·阿加西：科学一生》（Edward Lurie, *Louis Agassiz: A Life in Science*, Chicago: University of Chicago Press, 1960）和《解读自然的形状：阿加西博物馆中的比较动物学》（Mary P. Winsor, *Reading the Shape of Nature: Comparative Zoology at the Agassiz Museum*, Chicago: University of Chicago Press, 1991）。对拉马克的研究可见《体系的精神》（Richard Burkhardt Jr., *The Spirit of System*, Cambridge: Harvard University Press, 1995）和《拉马克的时代：法国的进化理论，1790–1830》（Pietro Corsi, *The Age of Lamarck: Evolutionary Theories in France 1790–1830*, Berkeley: University of California Press, 1988）。《世间方舟：生物地理学史研究》讨论了自林奈到达尔文的生物地理学（Janet Browne, *The Secular Ark: Studies in the History of Biogeography*, New Haven: Yale University Press, 1983）。有关欧文的研究可见《理查德·欧文：维多利亚时代的博物学家》（Nicolaas A. Rupke, *Richard Owen: Victorian Naturalist*, New Haven: Yale University Press, 1994）。

第四章　新工具与标准实践：1840~1859

关于波拿巴可参见他的一部详细传记《自然之帝：夏尔·吕西安·波拿巴与他的世界》（Patricia Stroud, *The Emperor of Nature: Charles Lucien Bonaparte and His World*, Philadelphia: University of Pennsylvania Press, 2000）。有关博物学中的技术创新可参见《发现鸟类：鸟类学的诞生（1760–1850）》（Paul Lawrence Farber, *Discovering Birds: The Emergence of Ornithology as a Scientific Discipline, 1760–1850*, Baltimore: Johns Hopkins University Press, 1996）、《英国博物学家》（David Allen, *The Naturalist in Britain*, Princeton: Princeton University Press,1994）和《生境实景模型：自然博物馆中的荒野幻觉》（Karen Wonders, *Habitat Diorama: Illusions of Wilderness in Museums of Natural History*, Acta Universitatis Upsaliensis, Figura Nova Series, Uppsala: University of Uppsala, 1993）。有关科学绘画的研究可见《描绘自然：美国19世纪的动物学绘画》（Ann Blum, *Picturing Nature: American Nineteenth-Century Zoological Illustration*, Princeton: Princeton University Press, 1993）、《鸟类绘画：早期平版印刷时代的几位艺术家》（C. E. Jackson, *Bird Illustrators: Some Artists in Early Lithography*, London: Witherby, 1975）和《动物学绘画：关于印刷动物画史的一篇文章》（David Knight, *Zoological Illustration: An Essay towards a History of Printed Zoological Pictures*, Folkstone, England: Dawson, 1977）。也可参见《约翰·古尔德的主要旨趣：鸟人传》（Isabella Tree, *The Ruling Passion of John Gould: A Biography of the Bird Man*, London: Barrie & Jenkins, 1991）和《约翰·詹姆斯·奥杜邦传》（Alice Ford, *John James Audubon*, Norman: University of

Oklahoma, 1964)。关于女性在博物学中的历史，可参见《同类自然：维多利亚时代和爱德华时代的女性拥抱生物世界》(Barbara Gates, *Kindred Nature: Victorian and Edwardian Women Embrace the Living World*, Chicago: University of Chicago Press, 1998)。对早期美国博物学之语境的讨论见《鹰之巢：博物学与美国观念，1812–1842》(Charlotte Porter, *The Eagle's Nest: Natural History and American Ideas, 1812–1842*, Tuscaloosa: University of Alabama Press, 1986)。

第五章　达尔文的综合：进化理论，1830~1882

有关达尔文的文献非常丰富。《查尔斯·达尔文：航行》是珍妮特·布朗为达尔文所写的两卷本传记的上卷，叙述了达尔文生平的科学、社会和个人方面(Janet Browne, *Charles Darwin: Voyaging*, New York: Alfred A. Knopf, 1995)。《达尔文：一位饱受折磨的进化论者的一生》对英国历史语境下达尔文的智力发展给出了可贵的描述(Adrian Desmond and James Moore, *Darwin: The Life of a Tormented Evolutionist*, New York: Warner Books, 1991)。《达尔文的遗产》介绍了"达尔文产业"(David Kohn, ed., *The Darwinian Heritage*, Princeton: Princeton University Press, 1985)。《达尔文革命：野蛮的科学》概括介绍了达尔文故事中涉及的科学问题(Michael Ruse, *The Darwinian Revolution: Science Red in Tooth and Claw*, Chicago: University of Chicago Press, 1979)。许多达尔文产业(Darwin Industry)著作都涉及了华莱士。《生物哲学家：对阿尔弗雷德·拉塞尔·华莱士的人生和著作的研究》是一部充满同情的华莱士传记(Wilma George,

Biologist Philosopher: A Study of the Life and Writing of Alfred Russel Wallace, New York: Abelard-Schuman, 1964)。有关华莱士也可参见《就在"物种起源"之前：阿尔弗雷德·拉塞尔·华莱士的进化理论》(John Langdon Brooks, *Just before the Origin: Alfred Russel Wallace's Theory of Evolution*, New York: Columbia University Press, 1984）和《华莱士与自然选择》(H. Lewis McKinney, *Wallace and Natural Selection*, New Haven: Yale University Press, 1972)。对达尔文思想获得接受的研究可见《达尔文与他的批评者们：科学共同体对达尔文进化理论的接受》(David L. Hull, *Darwin and His Critics: The Reception of Darwin's Theory of Evolution by the Scientific Community*, Cambridge: Harvard University Press, 1973)、《达尔文主义的比较接受》(Thomas F. Glick, ed., *The Comparative Reception of Darwinism*, Austin: University of Texas Press, 1974）和《达尔文主义的消逝：1900 年代左右的反达尔文进化理论》(Peter J. Bowler, *The Eclipse of Darwinism: Anti-Darwinian Evolution Theories in the Decades around 1900*, Baltimore: Johns Hopkins University Press, 1983)。《开尔文勋爵与地球的年龄》一书考察了有关地球年龄的争论(Joe Burchfield, *Lord Kelvin and the Age of the Earth*, New York: Science History Publications, 1975)。对进化思想之扩展的有趣讨论可见《生命的精彩戏剧：进化生物学与生命起源的重构，1860–1940》(Peter J. Bowler, *Life's Splendid Drama: Evolutionary Biology and the Reconstruction of Life's Ancestry 1860–1940*, Chicago: University of Chicago Press, 1996)。

第六章　研究功能：生命科学的另一种视野，1809~1900

关于生理学作为一门学科的出现可参阅《法国的科学与医学：实

验生理学的出现，1790–1855》（John E. Lesch, *Science and Medicine in France: The Emergence of Experimental Physiology, 1790–1855*, Cambridge: Harvard University Press, 1984）、《克劳德·贝尔纳与动物化学》（Frederic Lawrence Holmes, *Claude Bernard and Animal Chemistry*, Cambridge: Harvard University Press, 1974）和《生理学与分类》（Joseph Schiller, *Physiology and Classification*, Paris: Maloine, 1980）。有关19世纪的教授们可见《百年法国自然博物馆基金会：纪念卷》（*Centenaire de la fondation du Muséum d'Histoire Naturelle: Volume Commémoratif*, Paris: Imprimerie Nationale, 1893, iii–vii）。对动物实验的态度的有趣讨论可见《维多利亚社会中的反对活体解剖与医学科学》（Richard French, *Antivivisection and Medical Science in Victorian Society*, Princeton: Princeton University Press, 1975）。关于生命科学领域资金竞争的背景可参见"19世纪法国的科学、大学与国家"（Robert Fox, "Science, the University, and the State in Nineteenth-Century France," in Gerald L. Geison, ed., *Professions and the French State, 1700–1900*, Philadelphia: University of Pennsylvania Press, 1984, 66–145）、《法国的科学与技术的组织，1808–1914》（Robert Fox, ed., *The Organization of Science and Technology in France, 1808–1914*, Cambridge: Cambridge University Press, 1980）和《从知识到权力：法国科学帝国的兴起，1860–1939》（Harry Paul, *From Knowledge to Power: The Rise of the Science Empire in France, 1860–1939*, Cambridge: Cambridge University Press, 1985）。有关实验生物学的后续发展可见《19世纪的生物学：形式、功能与变化问题》（William Coleman, *Biology in the Nineteenth Century: Problems of Form, Function, and Transformation*, New York: Wiley, 1971）、《20世纪的生命科学》（Garland

Allen, *Life Science in the Twentieth Century*, New York: Wiley, 1975)、《改变美国生物学的传统，1880–1915》(Jane Maienschein, *Transforming Traditions in American Biology, 1880–1915*, Baltimore: Johns Hopkins University Press, 1991)和《美国语境下的生理学，1850–1940》(Gerald L. Geison, ed., *Physiology in the American Context, 1850–1940*, Bethesda, Md.: American Physiological Society, 1987)。

第七章　维多利亚时代的魔力：博物学的黄金时代，1880~1900

关于那些伟大的博物馆、动物园和植物园有许多很好的著作。《伦敦的表演》(Richard D. Altick, *The Shows of London*, Cambridge: Harvard University Press, 1978)、《动物财产》(Harriet Ritvo, *The Animal Estate*, Cambridge: Harvard University Press, 1987)和《鸭嘴兽、美人鱼与分类想象的其他虚构产物》(Harriet Ritvo, *The Platypus and the Mermaid and Other Figments of the Classifying Imagination*, Cambridge: Harvard University Press, 1997)提供了公众对动物和动物展览的兴趣的背景。有用的讨论还可参见《动物园的历史：过去与现在》(Gustave Loisel, *Histoire des ménageries de l'antiquité à nos jours*, 3 vols, Paris: Doin, 1912)、《科学大教堂：19 世纪末殖民地自然博物馆的发展》(Susan Sheets-Pyenson, *Cathedrals of Science: The Development of Colonial Natural History Museums during the Late Nineteenth Century*, Montreal: McGill-Queens University Press, 1988)、《皮尔先生的博物馆：查尔斯·威廉·皮尔与第一座大众自然科学和艺术博物馆》(Charles Coleman Sellers, *Mr. Peale's Museum:*

Charles William Peale and the First Popular Museum of Natural Science and Art, New York: W. W. Norton, 1980)、《馆长与文化：美国的博物馆运动，1740－1870》(Joel L. Orosz, *Curators and Culture: The Museum Movement in America, 1740–1870*, Tuscaloosa: University of Alabama Press, 1990)、《科学与殖民扩张：大英皇家植物园的角色》(Lucile H. Brockway, *Science and Colonial Expansion: The Role of the British Royal Botanic Gardens*, New York: Academic Press, 1979)、《赌一便士：邱园的前景》(Wilfred Blunt, *In for a Penny: A Prospect of Kew Gardens, Their Flora, Fauna and Falballas*, London: Hamish Hamilton, 1978）和《P. T. 巴纳姆：传奇一生》(A. H. Saxon, *P. T. Barnum: The Legend and the Man*, New York: Columbia University Press, 1989)。

有关驯化动物园的讨论可见《自然、异国情调与法国殖民主义的科学》(Michael Osborne, *Nature, the Exotic, and the Science of French Colonialism*, Bloomington: Indiana University Press, 1994)。布朗克斯动物园的迷人历史可见《动物聚集：纽约动物学学会的非常规史》(William Bridges, *Gathering of Animals: An Unconventional History of the New York Zoological Society*, New York: Harper & Row, 1974)。对植物学业余爱好者的细致描述可见《植物学爱好者：美国19世纪的业余科学家们》(Elizabeth B. Keeney, *The Botanizers: Amateur Scientists in Nineteenth-Century America*, Chapel Hill: University of North Carolina Press, 1992)。《捕网的弟兄们：美国昆虫学，1840－1880》讲述了人们对昆虫收集的兴趣(Willis Conner Sorensen, *Brethren of the Net: American Entomology, 1840–1880*, Tuscaloosa: University of Alabama, 1995)。有关大英自然博物馆背景的讨论可见《理查德·欧文：维多利亚时代的博物学家》(Nicolaas A. Rupke, *Richard Owen: Victorian Naturalist*, New Haven: Yale

University Press, 1994),《大英博物馆动物学：一个世纪，两代管理者,1815–1914》(Albert E. Gunther, *A Century of Zoology at the British Museum Through the Lives of Two Keepers, 1815–1914*, London: Dawsons of Pall Mall, 1975）也包含了大量信息。有关美国自然博物馆的讨论可见《阁楼里的恐龙：在美国自然博物馆的一次短程旅行》(Douglas J. Preston, *Dinosaurs in the Attic: An Excursion into the American Museum of Natural History*, New York: St. Martin' s Press, 1986）和《古物计划：亨利·费尔菲尔德·奥斯本与美国自然博物馆的脊椎动物古生物学，1890–1935》(Ronald Rainger, *An Agenda for Antiquity: Henry Fairfield Osborn and Vertebrate Paleontology at the American Museum of Natural History, 1890–1935*, Tuscaloosa: University of Alabama Press, 1991)。有关赫胥黎的研究可见《赫胥黎：从魔鬼门徒到进化论主教》(Adrian Desmond, *Huxley: From Devil's Disciple to Evolution's High Priest*, Reading, Pa.: Addison-Wesley, 1997)。对生物学作为一门学术科目的兴起的讨论可见《美国生物学的发展》(Ronald Rainger, Keith Benson, and Jane Maienschein, eds., *The American Development of Biology*, Philadelphia: University of Pennsylvania Press, 1988)。

对后奥杜邦时代鸟类学的有趣考察可见《热爱鸟类：奥杜邦之后的美国鸟类学》(Mark Barrow, *A Passion for Birds: American Ornithology after Audubon*, Princeton: Princeton University Press, 1998)。有关羽毛贸易可见《羽饰时尚与鸟类保护：自然保护领域的一项研究》(Robin W. Doughty, *Feather Fashions and Bird Preservation: A Study in Nature Protection*, Berkeley: University of California Press, 1975)。有关自然写作的历史有大量的文献。关注 19 世纪末和 20 世纪之交这段历史的有《维多利亚博物学

的浪漫》（Lynn L. Merrill, *The Romance of Victorian Natural History*, Oxford: Oxford University Press, 1989）和《自然骗子：野生生物、科学与感情》（Ralph H. Lutts, *The Nature Fakers: Wildlife, Science, and Sentiment*, Golden, Colo.: Fulcrum Publishing, 1990）。

第八章　新综合：现代进化论，1900~1950

有关实验分类学可见"20世纪博物学中的实验主义者与博物学家：实验分类学，1920-1950"（Joel Hagen, "Experimentalists and Naturalists in Twentieth-Century Botany: Experimental Taxonomy, 1920-1950," *Journal of the History of Biology* 17, no. 2（1984）: 249-70）。朱利安·赫胥黎对现代生物学的诸多贡献可见《朱利安·赫胥黎：生物学家与科学政治家》（C. Kenneth Waters and Albert Van Helden, eds., *Julian Huxley: Biologist and Statesman of Science*, Houston: Rice University Press, 1992）。有关现代综合论可见《进化综合论：对生物学统一的展望》（Ernst Mayr and William B. Provine, eds., *The Evolutionary Synthesis: Perspectives on the Unification of Biology*, Cambridge: Harvard University Press, 1980）、《狄奥多西·杜布赞斯基的进化论》（Mark Adams, ed., *The Evolution of Theodosius Dobzhansky*, Princeton: Princeton University Press, 1994）、《统一生物学：进化综合论与进化生物学》（Vassiliki Betty Smocovitis, *Unifying Biology: The Evolutionary Synthesis and Evolutionary Biology*, Princeton: Princeton University Press, 1996）和"共同问题与合作解决：进化研究中的组织活动，1936-1947"（Joseph Cain, "Common Problems and Cooperative Solutions: Organizational

Activity in Evolutionary Studies, 1936-1947," *ISIS* 84, no. I（1993）: 1–25）。有关恩斯特·迈尔的研究可见"博物学家恩斯特·迈尔：他对系统分类学和进化论的贡献"（Walter J. Bock, "Ernst Mayr, Naturalist: His Contributions to Systematics and Evolution," *Biology and Philosophy* 9, no. 3（1994）: 267–327）和"作为共同体工程师的恩斯特·迈尔：组建进化论研究学会和《进化论》杂志"（Joseph Cain, "Ernst Mayr as Community Architect: Launching the Society for the Study of Evolution and the Journal *Evolution*," *Biology and Philosophy* 9, no. 3（1994）: 387–427）。

第九章　作为通才的博物学家：E.O. 威尔逊，1950~1994

威尔逊对博物学的看法可参阅他的自传《博物学家》（Edward O. Wilson, *Naturalist*, Washington, D.C.: Island Press,1994）和他的文章"即将到来的生物学多元化和系统分类学的管理工作"（"The Coming Pluralization of Biology and the Stewardship of Systematics," *BioScience* 39（1989）: 242–45）。威尔逊对博物学的更广泛看法可见他的《生物本能》（*Biophilia*, Cambridge: Harvard University Press, 1984）和《一致原则：知识的统一》（*Consilience: The Unity of Knowledge*, New York: Alfred A. Knopf, 1998）。有关"新博物学"可见《模仿自然：种群生物学史插曲》的后记（Sharon Kingsland, *Modeling Nature: Episodes in the History of Population Biology*, 2nd ed., Chicago: University of Chicago Press, 1995）。对保护生物学的讨论可见《博物馆与自然环境：自然博物馆在生物保护中的作用》（Peter Davis, *Museums and the Natural Environment: The Role of Natural History Museums in Biological*

Conservation, London: Leicester University Press, 1996)。对自然写作的有趣研究可见《自然写作与美国：论一种文化类型》(Peter Fritzell, *Nature Writing and America: Essays upon a Cultural Type*, Ames: Iowa State University Press, 1990)。

索引

图书在版编目(CIP)数据

探寻自然的秩序：从林奈到 E. O. 威尔逊的博物学传统 /（美）法伯著；杨莎译 . —北京：商务印书馆，2017（2024.4 重印）
（自然文库）
ISBN 978 - 7 - 100 - 12143 - 9

I. ① 探… II. ① 法… ②杨… III. ① 博物学— 研究 IV. ① N91

中国版本图书馆 CIP 数据核字（2016）第 066123 号

自然文库
探寻自然的秩序
从林奈到 E.O. 威尔逊的博物学传统
〔美〕保罗・劳伦斯・法伯 著
杨莎 译

商 务 印 书 馆 出 版
（北京王府井大街 36 号 邮政编码 100710）
商 务 印 书 馆 发 行
北京虎彩文化传播有限公司印刷
ISBN 978 - 7 - 100 - 12143 - 9

2017 年 1 月第 1 版 开本 710 × 1000 1/16
2024 年 4 月北京第 5 次印刷 印张 12¼

定价：46.00 元